돈 걱정 없는
육아

돈 걱정 없는 육아

불안을 없애고 행복한 미래를 설계하는
가정 경제 황금률

박여울 지음

다독
다독

돈 걱정 없이
아이 키울 수 있을까?

아이 셋을 데리고 외출할 때면 어르신들로부터 종종 이런 말을 듣습니다.

"다 한 집 아이예요?"

"아이고, 애국자다. 요즘 세상에 셋을 낳았네. 대견해라. 나라에서 상 줘야 한다."

애국하려고 셋을 낳은 건 아니지만, 이런 말을 들으면 괜스레 기분이 좋아집니다. 하지만 나들이를 마치고 집에 돌아오면 마음이 다시 복잡해집니다.

'둘이 벌어먹기도 빠듯한 세상에 아이 셋을 낳은 건 정말 잘한 선택이었을까?'

'백세 시대에 노후는 어떻게 준비하지?'

'이 아이들의 양육비와 교육비를 감당할 수 있을까?'

이런 생각들이 머릿속을 떠나지 않습니다.

아마 이 책을 펼친 독자 역시, 비슷한 걱정을 안고 이 페이지를 넘기고 있을지 모릅니다.

우리나라 저출산의 가장 큰 원인은 '경제적 부담'입니다. 2023년 11월 저출산·고령사회위원회의 '저출산 인식 조사'에 따르면, 응답 자의 40%가 '경제적 부담 및 소득 양극화'를 저출산의 가장 큰 원인 으로 꼽았습니다.* 한국보건사회연구원이 발표한 2021년도 '가족과 출산 조사' 결과에서도 자녀 한 명당 월평균 양육비는 72만 1,000원 으로 집계되었습니다.** 이 기준대로라면 아이 셋을 키우는 우리 집 은 매달 220만 원 이상을 양육비로 쓰게 되고, 아이들이 스무 살이 될 때까지 드는 비용만 해도 5억 원이 훌쩍 넘습니다.

이 숫자를 떠올리면 불안해집니다. 아무 계획 없이 살다가는 아이 를 '평범하게' 키우는 것조차 쉽지 않겠다는 생각이 듭니다. 허리띠 를 졸라매며 겨우 버티는 육아는, 제가 꿈꾸는 삶의 모습이 아니었 습니다.

일부 지역에서는 만 두 살 아이도 학원에 다닐 만큼 사교육 열풍 이 거셉니다. 또래 부모들과 대화를 나누다 보면, 결국 화제는 사교 육 이야기로 흘러갑니다. 그럴 때면 저도 모르게 우리 집과 다른 집 을 비교하며 쓸쓸해집니다.

무엇보다 우리 집 세 아이를 잘 키우기 위한 현실적 해답이 필요 했습니다. 남들처럼만 키우다가는 제 삶도, 우리 가족의 삶도 온전

---

* 진미정, "자녀 양육비의 '평균 올려치기'", 노컷뉴스, 2024.04.22, https://www.nocutnews.co.kr/news/6132544?utm_source=naver&utm_medium=article&utm_campaign=20240422050039

** 정은혜, "자녀 1명 양육비용 월 72만원…초등생, 사교육비 절반 이상", TV조선, 2022.07.26, https://news.tvchosun.com/site/data/html_dir/2022/07/26/2022072690065.html

해지기 어렵겠다는 생각이 들었습니다.

고민 끝에 저는 제 직업을 떠올렸습니다. 중학교 교사로서 수많은 아이와 가정을 만나며 지켜본 장면들, 거기에서 우리 가족만의 해답을 찾을 수 있을 것 같았습니다. 아이 양육에 필요한 여러 지출 가운데 교육비 기준만 바로 세워도 버틸 수 있겠다는 희망이 보이더군요. 그렇게 우리 부부는 두 가지 원칙을 세웠습니다.

하나, 교육비 기준을 갖자.
둘, 아이에게 돈을 가르치자.

이 두 가지 원칙이 '돈 걱정 없는 육아'를 가능하게 해주었습니다.

자녀 교육에 성공한 부모들에게는 공통점이 있습니다. 바로 그들만의 분명한 기준과 철학이 있다는 것입니다. 기준이 없으면 주변에 휩쓸려 무분별하게 사교육에 의존하기 쉽습니다. 아이가 중·고등학교로 올라갈수록 교육비는 늘어나는데, 부모의 수입은 그대로인 경우가 많으므로 더욱 기준이 필요합니다.

아이에게 돈 개념을 어릴 때부터 길러주는 것도 중요합니다. 돈을 다루는 힘은 결국 삶을 다루는 힘과 연결되기 때문입니다. 돈에 대한 이해 없이 자란 아이에게 어느 날 갑자기 돈을 잘 관리하는 능력이 생기지는 않습니다. 경제 교육은 가정에서 자연스럽게 시작되어야 합니다. '대출이란 무엇인지', '은행은 어떻게 예금이자를 주는지', '용돈 기입장은 왜 써야 하는지' 같은 질문을 일상의 대화 속에

녹이다 보면, 아이의 눈빛이 달라지는 순간을 만나게 됩니다.

'돈 걱정 없는 육아'는 더 많은 돈을 버는 데서 시작되지 않습니다. 이 책 『돈 걱정 없는 육아』는 지금 가진 돈으로도 불안을 낮추고, 부모와 아이가 함께 미래를 준비할 수 있는 현실적인 방법을 제시합니다.

1부에서는 절약을 삶의 전략으로 삼아 의·식·주에서부터 교육으로 확장해 가는 과정을, 2부에서는 부모의 가치관을 아이와 나누며 아이의 경제 감각을 키우는 실천법을 담았습니다.

이 자리를 빌려 감사의 마음을 전합니다. 무엇보다 양가 부모님께 깊이 감사드립니다. 슬, 별, 결 세 아이와 남편에게도 사랑을 전합니다. 부족한 제가 이 책을 낼 수 있었던 건 모두 가족 덕분입니다. 원고를 애정으로 읽어 주시고 책이 세상에 나올 수 있도록 힘써주신 출판사 대표님께도 감사드립니다. 작가의 삶을 지지해 주는 보이지 않는 수많은 손길에도 고마운 마음을 전합니다.

육아에는 단 하나의 정답이 없습니다. 다만 『돈 걱정 없는 육아』가 오늘도 아이를 키우느라 애쓰는 부모들에게 하나의 기준이 되기를 바랍니다.

박여울

PART 1
현명한 부모

"

부모부터 달라져야
돈 걱정이 사라진다

"

1장

돈과 육아의 황금률

부모의 돈 철학이

아이의 미래를 바꾼다

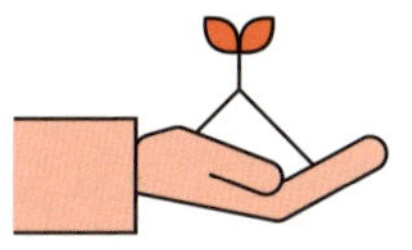

'이 정도면 살만하지'라는
욜로족의 착각

"최초이자 최고의 승리는 자기 자신을 정복하는 것이다"

_플라톤

나는 스무 살이 되어서야 부모님으로부터 용돈을 받기 시작했다. 대학 입학 후 아르바이트도 하고 있어서 내가 번 돈까지 합하면 한 달 수입이 꽤 됐지만, 경제 개념이 없어 들어오는 족족 써버리기 일쑤였다.

반면 남편은 학창 시절부터 용돈 생활을 해왔다. 용돈이 부족할 때마다 부모님께 말씀드리면, 그냥 주시는 것이 아니라 '빌려' 주셨다고 한다. 필요할 때마다 용돈을 더 받아 쓰던 나와는 전혀 다른 방식의 돈 경험이었다.

서로 다른 경제관을 가진 우리는 같은 날, 같은 직장에서 사회생활을 시작했고 약 2년 반 뒤 결혼했다. 결혼을 준비하면서 놀라운 사실을 알았다. 월급은 비슷한데, 남편과 내가 모아 둔 돈의 규모가 크게 달랐다.

남편은 월급을 받으면 적금부터 붓고 남은 돈을 생활비로 써 온 반면, 나는 체크카드와 신용카드를 오가며 비교적 여유로운 소비 생활을 하다 남은 돈으로 저금해 왔다.

욜로적 소비가 만든 착각

건강한 몸과 안정적인 직장, 전셋집까지 마련한 우리는 신혼 초기를 큰 걱정 없이 보냈다. 나는 '한 번뿐인 인생, 별거 있어?'라는 마인드로 지출에 박차를 가했다. 결혼 전에 모아 둔 돈으로 전셋집을 마련했으니 대출도 없었고, 월급이 들어오는 대로 욜로족처럼 계획 없이 썼다. 철마다 새 옷을 사고, 필요한 것이 생기면 주저 없이 사고, 여행이 가고 싶으면 어디로든 떠났다. 그렇게 사는 것이 삶의 즐거움이자 열심히 일한 우리에게 주어지는 당연한 보상이라 믿었다.

생활비를 정해두고 그 안에서만 소비하는 남편의 방식은 내게 답답하게 느껴졌고, 남편은 내 씀씀이를 걱정하면서도 갈등을 피하기 위해 묵묵히 맞춰주었다. 삼십 대 초반의 우리는 노후 준비는커녕, 아이를 셋 낳겠다는 계획을 세우면서도 '육아에 얼마가 드는지'는 계산하지 않았다. '월급으로 키우면 되겠지'라는 막연한 낙관 속에 미래에 대한 불안은 없었다.

지출은 넘치고 기준은 없다

그러나 실제로 우리는 넉넉한 형편이 아니었다. 사회생활을 늦게 시작했고, 모아 둔 돈마저 결혼식과 신혼집 마련으로 대부분 써버린 상태였다. 첫째를 낳고 내가 육아에 전념하게 되면서 외벌이나 다름없는 가정이 되었고, 가족이 늘자 집도 좁아 보여 대출을 끼고 내 집 마련을 감행했다. 이후 둘째가 태어날 때까지 우리는 번갈아 육아휴직을 쓰며 빠듯한 살림을 이어갔다. 육아휴직 수당이 있었지만, 생활하는 데 그리 넉넉할 정도는 아니었다.

그럼에도 월급에서 대출금을 갚고 남은 돈은 고스란히 소비로 흘러갔다. 결혼 전부터 굳어진 내 소비 습관은 쉽게 바뀌지 않았다. 경제 개념이 부족한 내가 가계의 열쇠를 쥐고 있었으니, 살림이 제대로 굴러갈 리 없었다.

외식도 잦았다. 요리하기 귀찮은 날이면 동네 식당을 돌며 메뉴를 바꿔 먹었고, 배달 음식도 거리낌 없이 시켰다. 여행도 실컷 했다. 신혼 때는 '지금 아니면 언제 즐기겠어'라는 이유로, 출산 후에는 '육아 보상'이라는 이름으로 국내외 여행을 다녔다. 둘째가 태어난 뒤에는 자매에게 계절마다 똑같은 옷을 사 입혀 SNS에 올렸다. 그것이 '아이를 잘 키우는 엄마'처럼 보이는 것이라고 믿었다.

가계부의 '가'자도 몰랐다. 가계부 쓰는 사람을 '돈에 얽매인 사람'으로 여겼고, 돈을 더 쓰지 못한 것을 아쉬워했다. 신혼 초부터 내 소비 성향을 존중해오던 남편도 걱정이 됐는지 한두 마디씩 건네기 시작했다. 결국 돈 이야기는 부부 사이 갈등으로 이어졌다.

"지금 내가 생활비를 낭비한다고 비난하는 거야?"

"다 아이들 위해 쓴 건데, 내 건 거의 없어."

특히 기억에 남는 건 과일 사건이다. 2만 원 이상 사야 배달해 주

는 동네 과일 가게에서 나는 주 3회 이상 배달을 시켰다. 냉장고에
는 늘 과일이 넘쳤고, 일부는 버려질 수밖에 없었다. 남편이 "좀 줄
이자"라고 말하면, 나는 그 말을 공격으로 받아들였다. "아이들한테
좋은 과일 먹이는 건데 뭐가 문제야"라며 되받아쳤다. 아이를 위한
다는 마음은 같았지만, 돈을 쓰는 방식은 전혀 달랐다.

　셋째를 임신하고 나서야 비로소 현실을 마주하게 된 나는 지금까
지의 소비가 과연 우리 가족의 미래를 위한 선택이었는지 스스로에
게 묻기 시작했다. '이 정도면 괜찮지'라는 안일한 마음은 착각이었
다. 가족의 미래를 생각한다면, 돈에 대한 생각과 돈을 쓰는 방식부
터 바꿔야 했다.

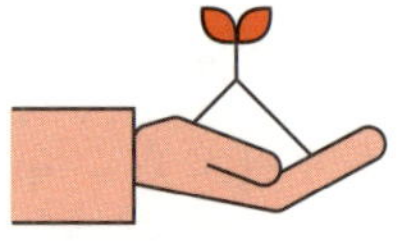

돈 걱정 없이
세 아이 키운다는 것

"네가 갖지 못한 것을 갈구하느라 네가 가진 것마저 망치지 마라"

_에피쿠로스

남편과 나는 '아이는 부모가 직접 키워야 한다'라는 일종의 신념을 가지고 있었다. 그래서 아무리 경제적으로 힘들더라도, 아이만큼은 양가의 도움에 기대지 않고 우리 손으로 직접 키우기로 결심했다. 교사라는 같은 직업을 가진 우리는 7년 동안 번갈아 육아휴직을 반복하며 아이들을 돌봤다.

다행히 첫째부터 셋째까지 원하던 시기에 아이가 찾아왔다. 그러나 셋째를 임신하고 나서부터 경제적 불안이 점점 선명해졌다. 처음에는 '없으면 없는 대로 살면 되지', '남들처럼 다 해주지 않아도 괜찮아', '우리는 충분히 잘하고 있어'라며 스스로를 다독였다. 하지만 현실은 그리 만만하지 않았다. 우리의 월급만으로 다섯 식구의 삶을 책임지는 데에는 분명한 한계가 있었다.

'이렇게 살다가는 먹고사는 것도 버거워지지 않을까?'

'아이들 교육비와 생활비를 감당할 수 있을까?'

'우리 월급만으로 대학까지 보내는 게 가능할까?'

'지금처럼 일할 수 없는 날이 오면 어떻게 하지?'

이런 생각들이 머릿속에서 떠나지 않았다. 돈에 대한 걱정이 눈덩이처럼 커질수록, 삶에 대한 자신감도 떨어졌다.

한국은행, 통계청, 금융감독원이 발표한 '2023년 가계금융복지조사'에 따르면, 아직 은퇴하지 않은 가구의 절반 이상이 노후 준비가 미흡하다고 답했다. 은퇴 후 예상되는 최소 생활비는 월 231만 원, 적정 생활비는 324만 원으로 조사되었다.[*] 당장의 생계뿐 아니라 세 아이의 교육과 미래까지 책임져야 한다는 사실이 마음을 더욱 무겁게 만들었다. 나는 그제야 현실을 직시했다.

절박함이 만든 변화

가족이 다섯 명이 되면서 소비 방식은 완전히 달라져야 했다. 당장 내가 할 수 있는 것은 '절약'이었다. 투자나 재테크를 본격적으로 배우기엔 여건이 되지 않았고, 우선은 나가는 돈부터 줄이는 것이 최선이었다.

---

[*] 이윤주, "은퇴 후 적정 생활비는 324만원… 노후 준비 마친 가구는 7.9%뿐", 경향신문, 2023.12.07, https://www.khan.co.kr/article/202312071520001

이 무렵부터 도서관에서 경제와 재테크 관련 책을 찾아 읽기 시작했다. 첫째는 유치원에, 둘째는 어린이집에 가 있는 동안 셋째를 유모차에 태우고 도서관을 찾았다. 아이가 잠들면 곧장 서가로 달려가 책을 골랐다. 『돈의 속성』, 『전업맘, 재테크로 매년 3,000만 원 벌다』 같은 비교적 쉽게 읽을 수 있는 책부터 차근차근 읽었다. 가정 경제를 다시 세워야 한다는 절박함이 나를 움직였다.

아이들을 조금 더 나은 환경에서 키우고 싶은 마음에 남편과 고민 끝에, 추억이 가득한 집을 매물로 내놓고 전세로 옮겼다. 다자녀 청약을 위한 무주택 요건을 맞추기 위해서였다. 두렵지 않았다면 거짓

말이다. 하지만 아이들에게 더 나은 미래를 주고 싶다는 마음 하나로 결단을 내렸다.

이때부터 생활비를 어디서 줄일 수 있는지, 식재료는 어디서 사야 저렴할지 하나하나 따져보기 시작했다. 대출 상환 계획부터 저축, 투자, 아이들 의류비까지 모든 지출 항목을 남편과 함께 검토했다. 겉보기에는 현재를 희생하는 것처럼 보였을지 모르지만, 우리에게는 미래를 위한 준비였다.

부부가 함께하는 경제 대화

가정 경제를 바꾸는 데 가장 큰 역할을 한 것은 부부 간의 대화였다. 전문가들은 부부가 각자의 지출, 부채, 금융 상품을 주기적으로 공유하고 개선 방안을 함께 모색할 것을 권장한다. 예를 들어, 내 집 마련, 신혼여행, 자녀 교육비 등 구체적인 목표를 세워 두 사람이 같은 방향으로 나아갈 수 있도록 계획을 수립하는 것이다.[*]

우리 부부는 매달 초 10~20분 정도 시간을 내어 지난달 소비를 돌아보고, 다음 달 계획을 세웠다. 이것이 습관이 되자 돈을 대하는 태도가 달라졌다. 가계부를 쓰기 시작했고, 지출 전에 '이게 꼭 필요한가?', '우리 가족에게 의미 있는 소비인가?'를 꼼꼼이 따지기 시작

---

[*] 김재언, "슬기로운 신혼생활의 핵심은 건강과 재정적 안정에 있다", 베이비뉴스, 2025.03.04, https://www.ibabynews.com/news/articleView.html?idxno=127349

했다. 불필요한 지출을 덜어낸 자리에는 우리 가족만의 단단한 소비 철학이 채워졌고, 양육비에 대한 새로운 기준도 생겼다. 우리는 양육비를 '한 사람 소득의 35% 이내'로 정하고, 물건보다 경험과 습관에 투자하기로 했다.

ⓦ 우리 집 지출 규칙 1

양육비 = 한 사람 소득의 35% 이내

세 아이 양육비 내역(6세·4세·1세, 2021년 기준)

항목		비용	내용
식비, 외식비		월 45만 원	아이들 식사와 외식 포함, 가족 중심 식생활로 절약 효과
육아 용품비		월 15만 원	중고 거래를 통한 비용 절감, 장터 160회 이상 활용
의류비(옷, 신발, 가방 등)		월 10만 원	
교육비	교재/교구	월 2만 원	
	유치원/어린이집	월 16만 원	
	사교육비	0원	가정 내 학습 전환으로 월 12만 원에서 0원으로 절감 7세 이전에는 사교육을 하지 않는 것이 원칙 (7세부터 예체능 중심의 사교육 시작)
여행비		월 10만원	월 10만원씩 저축한 뒤 연 4회 여행(1회 30만 원 지출)
보험비		월 12만 원	아이들 한 명 당 1개의 보험 유지 (실손의료보험 포함)

긴 육아휴직으로 인해 수입이 온전치 못하고, 경력이 잠시 멈춰있는 동안, 나는 삶을 재정비했다. 아이 셋, 무주택이라는 현실이 나를 더 치열하게 만든 것도 사실이다.

낭비는 없는지 지출을 철저히 점검하고 수입을 늘릴 방법을 고민했으며, 셋째가 낮잠을 자는 동안 재테크 책을 읽고, 생각을 정리하며 기록을 멈추지 않았다. 이때의 독서와 글쓰기 습관으로 나의 첫 책 『기본 가치 육아』가 탄생했다.

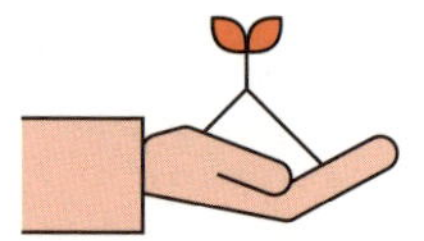

한 단계 점프 업!
육아의 관점 바꾸기

"모범을 보이는 것은 다른 사람들에게 영향을 미치는
가장 좋은 방법이 아니다. 그것은 유일한 것이다"

_알베르트 슈바이처

이 모든 과정은 내게 점점 더 '머니 효능감'을 키워주었다. 효능감이란 어떤 상황에서 적절한 행동을 통해 문제를 해결할 수 있다는 믿음이나 기대감을 뜻한다. 돈을 잘 다룰 수 있다는 자신감, 나는 이것을 '머니 효능감'이라고 표현하고 싶다. 돈을 아끼면서도 세 아이를 충분히 잘 키울 수 있겠다는 믿음이 생겼고, 무턱대고 쓰는 소비가 아니라 정해진 기준에 따라 움직이는 우리 집 경제 시스템에 대한 믿음이 생겼다.

그 믿음은 내 삶에 활력을 불어넣었다. 돈이 더 이상 삶의 전부처럼 느껴지지 않았고, "이번 달도 적자네", "다들 어떻게 그렇게 돈이 많지?", "내가 왜 그걸 샀지?" 같은 후회와 자책의 말도 점점 사라졌다. 계획적으로 돈을 쓰고, 필요한 곳에만 지출하며, 노후 대비 저축

과 투자를 꾸준히 해 나가면 지금보다 한 단계 더 나아갈 수 있겠다
는 자신감이 생겼다.

요즘 아이들의 꿈

학기 초 중학교 1학년 도덕 수업 시간에 아이들에게 이렇게 물은 적
이 있다.

"미래에 어떤 사람이 되고 싶나요?"

아이들은 망설임 없이 대답했다.

"건물주요!"

"돈 많은 백수가 되고 싶어요."

"로또 당첨되고 싶어요."

"돈 걱정 없이 세계 여행 다니고 싶어요."

일곱 명 남짓한 아이들이 거의 비슷한 대답을 했다. 요즘 아이들은
유튜브나 인터넷 검색을 통해 직업별 수입을 너무도 잘 알고 있다.
그러나 그 답변을 듣는 순간, 마음 한편이 씁쓸했다. 그 직업을 얻기
까지의 노력과 과정은 보지 못한 채, 막연히 '돈'이라는 결과만을 동
경하는 것처럼 느껴졌기 때문이다.

나는 내 아이가 단지 돈을 좇는 사람이 아니라, 하루하루를 성실
하게 살아가며 자기 삶에 책임을 지고, 타인에게 따뜻함을 전할 줄
아는 사람으로 자라길 바란다. 돈을 부정하자는 뜻은 아니다. 돈은
삶에 꼭 필요한 수단이며 많으면 분명 편리하다. 다만 돈이 삶의 목

육아의 관점 바꾸기

1. 결핍은 성장의 자양분

2. 돈보다 가치에 집중

3. 가정에서 시작되는 경제 교육

4. 진정한 유산은 자산보다 '살아갈 힘'

5. 유년기 자연 속 경험, 학령기 자기 주도성

적이 되어버리는 태도는 경계해야 한다.

그러기 위해서는 어른인 나부터 돈의 가치를 제대로 이해하고, 소비에 신중한 태도를 보이며, 가진 것을 소중히 여길 줄 아는 사람이 되어야 한다.

육아의 관점 바꾸기

돈에 대한 관점이 바뀌면서 육아에 대한 생각도 자연스럽게 달라졌다.

1. 결핍은 성장의 자양분

예전에는 무엇이든 아이들에게 더 해주지 못하는 현실이 늘 마음에 걸렸다. 이제는 결핍이 오히려 아이를 단단하게 만든다고 믿는다. 정말 중요하다고 생각하는 일에 돈과 에너지를 집중하자.

2. 돈보다 가치

내 아이들만큼은 물질보다 경험과 감정을 소중히 여기고, 현재의 기쁨을 누릴 줄 아는 사람으로 키우고 싶다. '무엇을 가졌느냐'보다 '어떻게 살아가느냐'가 더 중요하다는 것을 생활 속에서 늘 가르칠 필요가 있다.

3. 경제 교육은 가정에서부터

부모가 나누는 돈 이야기를 곁에서 듣고 자란 아이는 경제를 자연스럽게 삶의 일부로 받아들인다. 물건을 사기 전에 필요성을 먼저 따지고, 용돈을 받으며 기뻐하는 엄마를 지켜본 첫째가 어느날 "엄마, 나도 크면 용돈 줄 거예요?"라고 말했을 때, 나는 경제 교육이 일상에서부터 자연스럽게 시작될 수 있다는 걸 직감했다.

4. 진짜 유산은 돈이 아닌 살아갈 힘

아이에게 남기고 싶은 것이 있다면, 돈보다 자신의 삶을 설계하고 감당할 수 있는 힘이다.

5. 유년기에는 자연, 학령기에는 자기 주도성

어릴 때는 자연 속에서 마음껏 뛰놀고, 학령기가 되면 학생으로서 역할을 충실히 할 수 있도록, 아이 성장 속도에 맞는 교육 환경이 중요하다. 공부를 성취의 수단이 아닌, 삶의 기초를 다지는 과정으로 바라보며, 아이를 경쟁으로 내몰지 않는다.

우리 집만의 교육비 기준 세우기

셋째가 어린이집에 다닐 무렵, 맞벌이로 안정적인 수입이 보장되었을 때, 우리는 돈과 교육비의 관계를 완전히 새롭게 정리했다. 아이들이 커갈수록 교육비 비중이 늘어날 것을 고려해 우리 가족만의 확고한 기준이 필요했다(교육비를 제외한 다른 양육 비용은 가정마다 가치 기준이 다르므로, 여기서는 교육비에 관한 기준만 다룬다).

첫째, 사교육은 예체능 중심으로 제한한다.
둘째, 학업은 가정에서 공부 습관을 기르는 데 집중한다.
셋째, 교육비는 가구 소득의 15%를 넘기지 않는다.

> ⓦ **우리 집 지출 규칙 2**
>
> 교육비 = 소득의 15% 이내

교육비 비율을 15%로 정한 데에는 이유가 있다. 가정의 소득은 교육비뿐 아니라 주거비, 생활비, 노후 준비, 그리고 예기치 못한 변수까지 감당해야 한다. 교육비가 일정 수준을 넘어서면 다른 영역이 무너지고, 그 불안은 다시 아이에게 전해진다. 우리는 아이의 배움이 가족 전체의 삶을 잠식하지 않도록, 교육비를 '감당 가능한 범위' 안에 두는 것이 장기적으로 더 현명하다고 판단했다.

이 세 가지 기준은 우리가 흔들리지 않도록 중심을 잡아 주었고, 돈 걱정 없이 아이를 키우는 데 중요한 버팀목이 되었다. 지금도 이 원칙을 지키며 세 아이와 함께 일상을 살아가고 있다.

2장

돈 안 드는 육아도 행복하다

의:
소비의 기준을 바꾸다

"사치하면 공손하지 못하고 검소하면 고루하니,
공손하지 못한 것보다는 차라리 고루한 것이 낫다"

_공자

사람을 볼 때 우리는 자연스럽게 자세나 표정 다음으로 옷을 본다.
옷은 그 사람의 취향과 생활 방식, 삶의 태도를 드러내는 일종의 언
어이기 때문이다. 그런 의미에서 옷은 단순한 소비재가 아니라, 삶
을 표현하는 중요한 도구다. 그래서 '의衣'의 이야기를 가장 먼저 꺼
내고 싶다.

5:5 의류 소비 원칙

옷은 많을수록 좋을까? 옷이 많으면 다양한 모습을 연출할 수 있어
보이지만, 실제로는 옷이 많아질수록 선택의 피로와 관리의 번거로
움도 함께 늘어난다. 무엇보다 옷이 많다는 것은 그만큼 시간과 돈

이 그곳에 묶여 있다는 뜻이기도 하다.

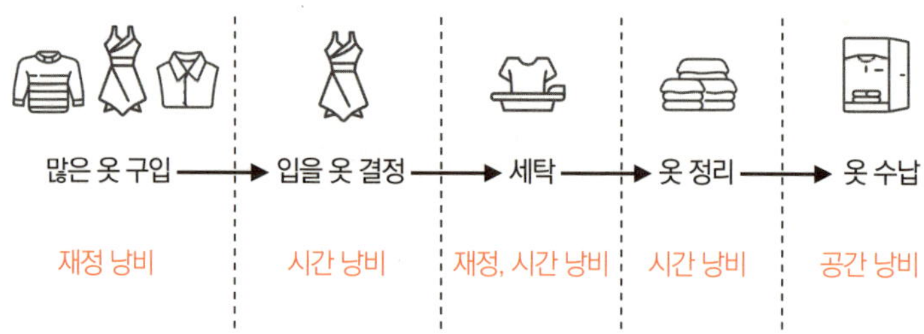

한때 우리 부부도 월급이나 수당을 받으면 기념처럼 백화점에 들러 옷을 사곤 했다. 새 옷을 입으면 괜히 기분이 좋아졌고, 그 하루가 더 특별해지는 느낌이 들었다. 하지만 절약을 결심한 뒤 가장 먼저 한 일은 옷장을 여는 것이었다. 예쁘다는 이유로 샀지만 거의 입지 않은 옷들이 수두룩했다. 그제야 과도한 의류 소비가 얼마나 많은 돈과 시간, 공간을 낭비해 왔는지 실감했다.

그래서 도입한 원칙이 바로 '용돈과 연동된 의류 소비', 이른바 5:5 원칙이다. 필수가 아닌, 단순히 꾸미기 위한 의류는 가격의 50%를 각자의 용돈에서 부담하는 방식이다. 한 달 용돈이 10만 원*인 나에게 이 원칙은 절대 가볍지 않았다. 하지만 이 정도의 부담이 있어야 소비 습관을 바꿀 수 있다고 판단했다.

예를 들어, 점퍼가 해져 새로 사야 할 때는 생활비에서 100%를

---

* 통신비·교통비 등의 고정 생활비를 제외한, 오롯이 나를 위해 쓰기로 정한 돈. 193페이지 참조.

지출하지만, 티셔츠가 충분히 있음에도 단지 예뻐 보인다는 이유로 산다면 생활비와 용돈에서 각각 50%씩 부담한다. 이 규칙이 생기자, 아무리 마음에 들어도 옷을 쉽게 사지 못하게 되었다. 충동적 소비가 자연스럽게 줄었고, 기분 내듯 옷을 사던 패턴도 사라졌다.

ⓦ 우리 집 지출 규칙 3

5:5 의류 소비 원칙 = 생활비 50% + 개인 용돈 50%

그 결과는 의외로 풍요로웠다. 있는 옷을 최대한 활용해 코디하게 되었고, 한동안 입지 않던 옷에도 다시 손이 갔다. 정말 필요 없는 옷이 무엇인지도 분명해졌다. 옷장이 비워지자 마음이 가벼워졌고, 그 여유를 육아와 휴식에 쓰게 되었다.

아이 옷, 합리적 기준 세우기

아이 옷도 마찬가지다. 요즘은 아이가 한두 명인 경우가 많아 귀여운 시기를 기록하고 싶은 마음에 옷을 많이 사게 된다. 하지만 물려줄 형제가 없다면 한두 해 입히고 끝날 옷에 과도한 비용을 쓰는 것은 부담으로 남는다. 아이 옷 역시 '꼭 필요한 만큼'만 갖출 것을 추천한다.

아이 옷 계절별 적정 수량

항목	수량
겉옷	2~3벌
티셔츠	4~5벌
바지	3~4벌
양말	6~7켤레
속옷(상의)	3~4벌
속옷(하의)	6~7벌

세 아이를 키워보니, 옷의 수량은 위에 제시한 표 정도면 충분했다. 건조기가 있다면 이보다 더 적어도 가능하다. 외투는 주로 중고로 구매했다. 겉옷은 가격대가 있지만 사용감이 적은 경우가 많아 가성비가 좋았다. 셋째의 겨울 외투도 정가의 3분의 1 가격에 구매

했는데, 사진을 보여주며 아이의 의견을 묻고 결정했다. 중고라도 아이의 취향을 존중하는 것이 중요하다.

속옷과 내복은 성장 속도에 맞춰 새것으로 자주 교체하되, 온라인 카페의 '핫딜' 코너를 활용해 인터넷으로 구매했다. 외출복과 신발은 되도록 새것으로 샀다. 아이에게 옷은 자기표현의 수단이기도 하므로, 부담되지 않는 범위 안에서 선택의 자유를 주고 싶었다.

어느 날 첫째가 매장에서 이렇게 말했다.

"엄마, 나는 노란색보다 보라색이 잘 어울리는 것 같아요. 그리고 까슬까슬한 옷보다는 부드러운 게 좋아요. 이건 많이 비싸지 않은데 사도 될까요?"

초등학교 1학년쯤 되면 아이는 자신에게 어울리는 옷의 색과 촉감을 안다. 동시에 옷값에 대한 감각도 생긴다.

신발은 발 형태에 맞게 변형되기 때문에 자매끼리도 물려주지 않고 매장에서 직접 신겨보고 샀다. 구매 과정을 도와주는 점원에게 감사 인사를 하는 것도 자연스럽게 익힌다. 이런 경험들이 모여 소비는 단순한 구매가 아니라 관계와 판단의 연습이 된다.

SNS를 멀리하는 지혜

요즘 부모들은 SNS를 통해 수많은 육아 정보를 접한다. 하지만 그 안에는 과시적 소비와 비교의 문화도 가득하다. 나 역시 한때 그 분위기에 휩쓸려 아이에게 고가 브랜드의 옷을 사 입히던 시기가 있었다. 결국 소비 습관을 바로잡기 위해 SNS를 2년 가까이 끊었다. 만약 어떤 매체가 내 소비 기준을 흔든다면, 과감히 거리를 두는 건 어떨까?

아이 의류 소비만 줄여도 육아의 부담은 눈에 띄게 가벼워진다. 아이는 예쁜 옷보다 편안한 옷을 더 좋아한다. 옷장이 단순해야 아이가 옷을 쉽게 찾고 상황에 맞게 어울리는 옷을 골라 입을 수 있다.

자녀 교육 Point

물려주고 물려받는 경험

작아진 옷을 아이가 직접 골라 아름다운 가게나 굿윌스토어 등에 기부나 나눔을 하도록 도와준다. 물려주는 것도 물려받는 것도 자연스럽게 받아들이게 된다.

* 중고 옷 거래 사이트 : 코너마켓(https://www.cornermarket.co.kr)

식:
식비 절약도 교육이다

"우리가 먹는 것이 곧 우리 자신이 된다"

_히포크라테스

"이번 달에도 생활비가 모자라. 앞으로 10일이나 더 살아야 하는데 벌써 마이너스네. 생활비 통장에 20만 원만 더 입금해 줘."

"콩나물이 상해 버렸네. 아까워라. 다음부터는 식재료 사고 나면 바로바로 요리해 먹어야겠어."

육아와 살림에 전념하던 시절, 나는 이런 말을 습관처럼 내뱉곤 했다. 특별히 사치한 것도 아니고, 나름대로 아껴 쓴다고 생각했는데도 생활비는 늘 빠듯했다. 문제는 '얼마를 쓰느냐'가 아니라, '어디에서 새고 있었느냐'였다. 이 흐름을 파악하고 바로잡는 일이야말로 가정 경제를 안정시키는 출발점이다.

2024년 통계청 가계동향 조사에 따르면, 2인 이상 가구의 월평균 소비지출은 약 264만 원, 이 중 식료품비와 외식비가 약 76만 원으로 전체의 29%를 차지한다. 식비를 한 달에 15만 원만 줄여도 연간 180만 원이 절약되는 셈이다. 아이 셋을 키우는 가정에서는 결코 적은 액수가 아니다.

식비 절감을 위한 세 가지 실천 전략

먼저 나는 생활비에 가급적 고정 지출을 포함하지 않는다. 통신비(휴대전화 요금, 인터넷), 주거비(관리비), 각종 구독료(정수기 관리비), 교육비(사교육비) 등은 별도로 분류하고, 여행비 역시 생활비와 분리한다. 생활비 안에 너무 많은 항목을 넣어두면 통제가 어려워진다.

생활비(변동성 지출 비용) 항목		
◎ 식비(외식비 포함)	◎ 의복비	◎ 아이들 체험비
◎ 생필품비	◎ 미용/이발비	◎ 경조사비
◎ 의료비	◎ 선물비	◎ 교통비

이렇게 항목을 구체화하면 식비 조절이 훨씬 수월해진다. 결국 변동성 지출만 잘 관리하면 되는 셈이다. 나는 식비를 줄이기 위해 여러 가지 시도를 해본 끝에 몇 가지 분명한 결론을 얻었다.

1. 대형마트는 덜 갈수록 부자 된다

대형마트에서는 계획적인 소비가 쉽지 않다. 장보기 리스트를 들고 가더라도 막상 도착하면 각종 할인 행사와 시식 코너에 쉽게 휘둘리기 마련이다.

한 번은 환경 단원 수업 중, 학생들에게 장보기 리스트를 작성해서 마트에 가본 적이 있는지 물어본 적이 있다. 32명 중 손을 든 아이는 4~5명 정도였다. 그만큼 계획적인 소비를 하는 가정이 적다는 뜻이다. 대형마트에 갈 일이 있다면 반드시 장보기 리스트를 적어 가길 권한다.

2. 배달 음식은 줄이되 적절한 외식은 필요하다

셋째를 낳고 나서는 외식이 쉽지 않아 배달 음식을 자주 시켜 먹었다. 하지만 배달 음식 역시 차리고 치우는 데 적잖은 시간과 에너지가 든다.

셋째가 네다섯 살 되었을 무렵, 우리는 배달 대신 외식을 주 1회로 정했다. 밖에서도 바른 식습관을 길러주고 싶었다.

많은 아이가 영상을 보며 식사하지만, 나는 우리 아이들이 음식을 음미하고 가족과 대화를 나누는 경험을 하길 원했다. 식당에서도 주변을 관찰하고, 직원과 인사하며, 맛을 천천히 느끼도록 유도했다. 매주 토요일 점심이나 저녁 한 끼를 외식으로 정하면서, 나는 일주일에 한 끼는 음식 준비와 설거지에서 완전히 벗어날 수 있었다.

대신 이 루틴을 유지하려면 토요일과 일요일 먹거리를 미리 준비해야 했기에, 매주 금요일마다 냉장고를 점검하고 주말 식단을 간단히 짜서 냉장고 비우기에 돌입했다.

3. 반찬 가게를 이용해 시간과 비용을 아낀다

장아찌나 젓갈처럼 만드는 데 손이 많이 가는 반찬은 반찬 가게에서 사는 편이 오히려 경제적이다. 비빔밥을 먹고 싶을 때는 나물을 사 와 온 가족이 한두 끼를 즐겼다. 마감 세일을 노리면 너 저렴하게 살 수도 있다. 반찬을 사면서 세일 시간도 슬쩍 물어보는 센스를 발휘하자.

식비를 절감하면서도 건강을 챙기는 방법

1. 아침은 간단하게라도 꼭 먹이기

우유나 주스, 시리얼로 아침 식사를 대충 때우는 가정도 많지만, 나는 조금이라도 밥을 먹이는 것이 낫다고 생각해 매일 아침밥을 챙겼다. 이제는 그것이 가족의 습관으로 자리 잡았다.

학교에서 아침을 거른 아이들을 보면 악순환이 반복된다. 공복 상태에서 간식을 먹고, 점심에 폭식하며, 결국 식곤증으로 오후 수업에 집중하지 못한다.

2020년 농촌진흥청 연구에 따르면 청소년기 쌀밥 중심의 아침 식사는 정서 안정과 학습 능력, 신체 건강에 긍정적 효과가 있다. 어린이집이나 유치원에서는 간단하게나마 아침을 제공하지만, 초등학교에 다니기 시작하면 아침 식사는 오롯이 가정의 몫이 된다. 한 숟가락이라도 밥을 먹이는 것을 추천한다.

우리 집 주간 아침 식단

일	월	화	수	목	금	토
잡곡밥, 소고기미역국	낫토 달걀밥	돼지고기 짜장밥	닭고기 카레밥	소고기 떡국	잡곡밥, 달걀찜, 김	밥, 두부구이, 된장찌개

단백질·탄수화물·지방의 균형보다는, 되도록 쌀밥이나 잡곡밥을 먹이는 데 집중했다. 일하는 엄마로서 가장 현실적이면서 아이도 잘 먹는 방식이다.

2. 제철 과일과 채소 섭취하기

제철 과일과 채소는 영양이 풍부하고 신선하며 가격도 저렴하다. 예를 들어 애호박은 제철일 때는 개당 1,000원 안팎이지만, 철이 아닐 때는 두세 배를 주고 사야 한다.

예전에는 겨울에도 비싼 애호박을 된장찌개에 넣었지만, 지금은 냉이나 감자처럼 계절에 맞는 식재료를 활용한다. 아이에게 제철 재료와 제철 음식에 대한 설명까지 곁들인다면, 먹거리에 대한 지식과 삶의 지혜를 전수할 좋은 기회가 된다.

자녀 교육 Point

• **함께 장보기**
아이와 장보기 리스트를 작성하고 함께 장을 본다. 집밥의 장점과 재료 선택의 이유를 자연스럽게 이야기하며, 건강한 식습관과 지혜로운 소비와 절제를 가르친다. 장보기는 단순한 쇼핑이 아니라 가정에서 이루어지는 작은 경제 수업이다.

• **남은 음식 리폼 데이**
일주일에 하루를 '리폼 데이'로 정해 냉장고 속 재료로 새로운 메뉴를 만들어 본다. 아이가 직접 아이디어를 내고 요리에 참여하다 보면, 음식이 쉽게 버려져서는 안 된다는 사실을 체감하게 된다. 창의력을 높이고 먹거리에 감사함을 가르칠 좋은 기회다.

주:
단순한 집이 돈을 아낀다

"한 푼을 아끼는 것이 한 푼을 버는 것이다"

_벤저민 프랭클린

결혼 후 나는 집 안 정리라는 큰 과제와 마주했다. 돌이켜보면 친정 엄마는 타고난 미니멀리스트였는데, 나는 왜 그렇게 오랜 시간 시행착오를 겪어야 했을까. 그건 바로 정돈된 집을 눈으로 보기만 했지, 정리를 제대로 배워본 적이 없어서다.

집이 어지러워지면 일상에서 받는 스트레스도 커진다. 정리를 미루다 남편과 다투고, 정리에 서툰 나 자신을 자책하다가 아이에게 괜히 화를 낸 적도 많았다. 정리를 제대로 배워야 할 필요성을 느끼고 살림법과 정리법, 미니멀리즘에 관한 책들을 찾아 읽으며 매일 한 공간씩 천천히 정돈해 나가기 시작했다. 그 과정을 통해 정돈된 공간이 주는 정서적 안정에 매료되면서, 나는 점점 집 정리에 애정을 쏟게 되었다.

단순함이 주는 유익

집이 단순하면 왜 좋을까? 육아와 살림을 해본 사람이라면 누구나 안다. 빨래, 설거지, 식사 준비, 청소, 그리고 아이 돌봄까지 하루하루가 전쟁 같은데, 여기에 어질러진 집까지 더해지면 더욱 쉽게 지친다. 때로는 내가 집에 사는 건지, 물건이 집에 사는 건지 헷갈릴 만큼 혼란스러워 눈물이 날 때도 있었다.

공간을 단순하게 만들면서 내 삶은 달라졌다. 정리에 쓰이던 에너지가 줄어들자 여유가 생기고, 그 여유는 자신감과 새로운 것에 도전하는 용기로 이어졌다. 수시로 정리하다 보니 버려지는 물건이 생각보다 많다는 사실도 깨달았다. 그때부터 물건을 사는 데 훨씬 신중해졌다. 소비 역시 많은 에너지가 드는 일이다. 무엇이 필요한지 결정하고, 쇼핑하고, 택배를 받아 제자리에 두기까지 돈뿐 아니라 시간과 정신적 에너지가 상당히 소모된다. 이 에너지를 정말 하고 싶은 일에 쓰면 삶이 선순환된다.

집안일에 허덕이지 않으니 아이에게 이전보다 더 다정한 엄마가 될 수 있고, 정돈된 삶의 방식을 아이에게 자연스럽게 물려줄 수 있다. 아이가 정리 습관을 배우기에 가장 좋은 장소는 바로 가정이다. 집이 단순할수록 삶은 윤택해지고, 아이도 정서적 안정감을 얻는다.

정리의 3단계

'정리'에는 분명한 단계가 있다. 이 흐름을 알면 불필요한 물건을 과감히 줄이고, 필요한 물건을 효율적으로 관리할 수 있다.

1. 선별하기

가장 먼저 해야 할 일은 물건을 분류하는 것이다. 필요한 물건과 필요 없는 물건, 한 개로 충분한 것과 여러 개가 필요한 것, 생활필수품과 심미적 만족을 주는 물건을 구분한다. 이 과정은 생각보다 중요하다. 마치 재판관이 되어 물건 하나하나에 '보관' 혹은 '처분'이라는 판결을 내린다고 생각하면 된다.

필요한 물건	필요 없는 물건
한 개로 충분한 것	여러 개가 필요한 것
생활필수품	심미적 만족을 주는 물건

2. 정리하기

선별이 끝나면 이제 정리 단계로 들어간다. 정리는 곧 '줄이는 과정'이다. 최근 1년간 한 번도 사용하지 않은 물건, 같은 기능을 가진

물건이 여러 개 있어 공간만 차지하는 것부터 과감히 정리한다. 버리기 아까운 물건이라면 중고 거래로 판매하거나, 지인에게 나누어 주거나, 기부하는 것도 좋은 방법이다. 이렇게 물건을 순환시키면 죄책감은 줄고 공간은 더 넓어진다.

최근 1년간 한 번도 사용하지 않은 물건	처분	•
	나눔	•
	중고 거래	•
같은 기능을 가졌으나 여러 개 있어 공간만 차지하는 것	처분	•
	나눔	•
	중고 거래	•

3. 정돈하기

정돈은 남겨두기로 한 물건을 제자리에 배치하는 작업이다. 표준국어대사전에 따르면 '정돈'이란 어지럽게 흩어진 것을 규모 있게 고쳐 놓거나 가지런히 바로잡아 정리하는 것을 뜻한다. 생활 동선을 고려해 자주 쓰는 물건은 손이 닿기 쉬운 곳에, 무겁고 부피가 큰 물건은 아래쪽에 두면 일상이 훨씬 효율적으로 바뀐다.

육아에 적용하기

정리정돈의 원리는 육아에도 그대로 적용된다. 다만 단순히 물건을 치우는 데서 끝나지 않고, 왜 정리해야 하는지를 아이가 이해하도록 돕는 과정이 필요하다.

1. 정리 정돈된 공간 만들기

아이와 함께 방을 둘러보며 이렇게 묻는다.

"이 방을 보니 어떤 느낌이 들어?"

"이 물건이 너에게 정말 필요할까?"

"연필이 너무 많은 것 같은데, 넌 어떻게 생각해?"

아이 스스로 공간을 바라보고 필요와 불필요를 구분하게 할 때, 정리는 습관이 된다. 사회경제학자 랜달 벨Randall Bell 박사는 아침에 침대를 정리하는 사람이 백만장자가 될 가능성이 200% 이상 높다는 연구 결과를 발표했다. 정리정돈은 단순한 청결이 아니라 삶의 태도와도 연결된다.

2. 공간 구분의 중요성

공간을 어떻게 쓰느냐도 중요하다.

1~4세 아이는 거실을 놀이 공간으로 두는 것이 좋다. 부모의 시야 안에서 놀 수 있어 안전하고, 아이도 심리적으로 안정된다. 5~10세 아이에게는 거실을 독서와 대화의 공간으로 유지하고, 놀이 공간은 방 하나로 분리해 주는 것이 바람직하다. 이렇게 공간의 성격이 정해지면 장난감과 책, 학습 도구의 자리도 자연스럽게 결정된다. 결국 공간이 정리되면 삶도 함께 정돈된다.

공간 정리는 곧 시간 절약

공간을 정리한다는 것은 단지 집을 깔끔하게 유지하는 차원을 넘어, 하루의 시간을 효율적으로 쓰는 일과 연결된다. 물건이 제자리에 있으면 필요한 것을 찾느라 허비하는 시간이 크게 줄어든다. '시간은 금이다'라는 말처럼, 시간은 돈으로도 바꿀 수 없는 가장 소중한 자원이라는 점을 아이에게 설명해 준다.

교육:
진정한 성장에 투자하기

"교육은 삶을 위한 준비가 아니라 삶 그 자체다"

_존 듀이

첫째가 두 돌이 되기 전, 나는 이웃 동네 문화센터의 주 1회 수업에 등록했다. 수업료는 월 3만 원으로 크게 부담되지 않는 금액이었다. 무엇보다도 친구를 만나고 싶었다. 육아의 고된 외로움 속에서 말이 통하는 친구를 만날 수 있다는 사실만으로도 마음이 설레었다.

하지만 막상 다녀보니 기대와는 달랐다. 먼 거리를 오가느라 체력적으로 힘들었고, 수업 시간에는 아이가 교구를 입에 넣지 못하게 막느라 신경이 곤두섰다. 돌아다니는 아이를 쫓아다니다 보니, 친구와 대화를 나누기는커녕 눈인사조차 나누기 어려웠다.

문화센터라는 작은 사교육 시장에 발을 들이자 뜻밖의 압박도 느껴졌다. 다른 엄마들 앞에서 주눅 들지 않으려 평소보다 더 단정하게 차려입게 되었고, 아이 옷도 괜히 신경이 쓰였다. 준비와 이동에 쓰는 에너지가 컸고, 집에 돌아오면 녹초가 되어 아이에게 온전히 집중하기 어려웠다. 아이 밥만 간신히 먹이고 나는 거실 바닥에 드러눕기 일쑤였다.

첫째가 다섯 살이 된 여름, 남편이 지인을 만나고 와서 말했다.

"여자아이한테 발레가 그렇게 좋대."

운동을 잘 아는 사람의 말이라 더 귀에 들어왔다. 마침 집 앞에 발레학원이 있었기에 아이에게 물었다.

"슬아, 발레해 볼래? 예쁜 옷 입고 점프하면서 운동하는 거야."

"엄마! 해 볼래요. 나 학원 다니고 싶어요!"

그 한마디에 나는 다섯 살 아이를 데리고 학원에 등록했다.

어릴 때부터 시작되는 사교육

돌이켜보면, 꼭 그럴 필요는 없었다. 통계청이 발표한 '2024 유아 사교육비 시험 조사'에 따르면, 6세 미만 영유아의 사교육 참여율은 47.6%, 참여 유아의 1인당 월평균 사교육비는 33만 2,000원에 달한다. 어린이집 특별활동과 유치원 방과후 과정 프로그램을 제외한 순수 사교육비이니, 결코 가벼운 금액이 아니다. 1년이면 약 400만 원. 우리는 과연 무엇을 위해 이 돈을 쓰고 있는 것일까?

유아 1인당 월평균 사교육비(2024년, 단위: 원)

구분	전체	기관 유형별				연령별			
		기관			가정 양육	2세 이하	3세	4세	5세
		재원	어린이집	유치원					
전체 유아	158,000	114,000	72,000	188,000	323,000	36,000	158,000	264,000	353,000
참여 유아	332,000	228,000	190,000	262,000	856,000	145,000	314,000	384,000	435,000

첫째와 둘째가 초등학생이 되고 나서야 분명해졌다. 미취학 시기의 사교육은 필수가 아니었다.

첫째 때 나는 외로움과 지루함을 달래기 위해 아이를 데리고 문화센터와 학원을 찾았다. 그러나 셋째를 키울 때는 문화센터는 물론 학원 근처에도 가지 않았다. 대신 놀이터에서 뛰놀고, 집 근처 하천에서 오리와 왜가리를 구경하게 했다. 동네 마트에 들러 사과 한 봉지를 사 오는 것도 아이에게는 작은 여행이었다. 아이가 무언가를 입에 넣는다고 신경 쓸 필요도 없었고, 이웃 어르신들과 자연스럽게 인사를 나누는 시간은 오히려 더 따뜻했다.

아이를 한 명만 키울 때는 달라진 육아 환경이 낯설어 사람을 찾아 나섰다. 그러나 셋째가 걸음마를 시작할 무렵에는 집 앞 놀이터만으로도 충분했다. 사계절의 변화를 몸으로 느끼고, 다양한 연령대의 이웃과 인사를 나누며 아이의 사회성도 기를 수 있었다. 품앗이 육아나 아이 친화적인 식당에서의 식사 또한 값진 경험이었다.

아이들에게 가장 가성비 좋은 교육은 '자유 놀이'다. 수학이나 영어 한 과목을 더 배우는 것보다, 자연 속에서 식물과 곤충을 관찰하고 또래와 어울리며 이웃과 소통하는 시간이 훨씬 더 중요하다. 지식은 학교에서 충분히 배울 수 있다. 그러나 자연 속에서 마음껏 놀 수 있는 시기는 초등학교 저학년을 지나면서 급격히 줄어든다. 이 시기를 놓치지 않았으면 한다.

교육학자들은 하나같이 '자유 놀이'가 아이의 전인적 성장을 이끄는 가장 본질적인 교육임을 강조한다. 루소*는 자연 속 경험이 아이를 더 현명하게 만든다고 했고, 비고츠키**는 놀이를 통해 아이의 인지 능력이 확장된다고 말했다. 2019 개정 유치원 교육과정 해설서

---

* 루소, 『에밀(Emile, or On Education)』, 1762

** 비고츠키, 『Mind in Society』, 1978

역시 놀이를 '유아가 세상을 경험하고 배우는 방식'으로 정의한다. 유아는 온몸의 감각과 기억으로 자연과 세상을 만난다. 아이가 놀이 속에서 보여 주는 움직임, 표정, 말과 이야기, 그림과 노래는 모두 배움의 결과다. 놀이는 관계를 맺고 세상의 일원이 되어 가는 가장 본질적인 과정이다.

프로그램에 맞춘 교육보다 중요한 것은 아이가 스스로 탐구하고 질문을 만들어가는 경험이다. 박물관, 육아종합지원센터, 수목원, 도서관 등에서 실시하는 숲 체험 행사에 참여해 보자. 사교육에 내몰려 짜인 일정대로 사는 아이는 호기심을 가질 여유조차 갖기 어렵다.

길게 보는 육아

사교육비를 쓸 기회는 앞으로도 많다. 미취학 시기부터 과도한 투자를 시작하면, 정작 필요한 시기에 힘이 빠진다. 중·고등학교라는 긴 레이스를 달려야 할 때 이미 지쳐 버릴 수 있다.

미취학 시기는 돈을 쓰기보다, 아이와의 관계를 단단히 쌓는 데 집중해야 한다. 5~8세 자녀에게 공부보다 더 중요한 것은 부모와의 '좋은 관계'다. 그 관계가 훗날 공부의 바탕이 되고, 아이의 삶을 지탱하는 힘이 된다.

자녀 교육 Point

• 비 오는 날을 기회로 삼기

비 오는 날도 훌륭한 놀이 시간이 된다. 아이의 감각을 깨우는 특별한 기회다. 장화와 우비, 우산만 챙기면 충분하다. 웅덩이에 발을 내밀고, 빗물을 손으로 만지며, 떨어지는 물소리를 듣는 경험은 살아 있는 자연 수업이다.

• 가까운 곳에서 놀잇감 찾기

동네 뒷산이나 아파트 화단은 그 자체로 훌륭한 놀이 공간이다. 입장료도, 예약도, 교통비도 필요 없다. 규정상 출입이 가능한 시간이라면 학교 운동장을 함께 걸어보는 것도 좋다. 아파트 화단에서는 '가장 큰 잎 찾기' 같은 소소한 관찰 놀이를 해볼 수도 있다.

의식주 Q & A

<u>**Q. 아이가 특정 브랜드 옷을 원해요. 어떻게 대처하면 좋을까요?**</u>

아이가 특정 브랜드 옷을 좋아할 수도 있습니다. 아이마다 '취향'이 있으니까요. 다만 가정의 경제 사정에 비해서 가격대가 너무 높다면 '안 사준다'가 아니라 '개수를 조절한다'라는 방식이 현실적입니다.

예를 들어, 티셔츠를 세 장 사야 한다면, 그중 한 장은 아이가 좋아하는 브랜드로 사고 나머지는 비교적 합리적인 가격대의 옷으로 맞추는 건 어떨까요? 이때 중요한 건 아이에게 상황을 설명하는 과정입니다.

"결아, 이 티셔츠는 7만 원이야. 엄마도 네가 좋아하는 브랜드인 건 알아. 그런데 이번 달 생활비로는 이 브랜드 티셔츠를 여러 장 사주기엔 여유가 없어. 우리 계절마다 티셔츠를 살 때는 이 브랜드 옷은 딱 한 장만, 매장에서 가장 마음에 드는 걸 고르기로 해보자. 그 한 장은 엄마가 사줄 수 있어."

아이도 소비 절제를 일상에서 경험해 보아야 합니다. '원하는 건 부모가 다 사준다'라는 인식이 굳어지지 않도록, 부모가 기준을 세워 주는 것이 필요합니다.

Q. 아이 옷은 얼마나 자주, 어디에서 사는 게 경제적일까요?

세 아이를 키워보니 아이들은 정말 쑥쑥 자랍니다. 실제로 계절마다 옷을 사야 하는 번거로움이 있더라고요. 그래서 저는 환절기가 될 즈음 다음 계절의 옷을 미리 꺼내 점검하는 시간을 가집니다. 수납함에 넣어 두었던 옷을 모두 펼쳐놓고 아이에게 직접 입혀 본 뒤, 버릴 옷·물려줄 옷·입을 옷을 분류합니다.

옷 구매는 아울렛을 추천해 드리고 싶어요. 신상품 위주인 백화점은 가격 부담이 크지만 아울렛은 비교적 합리적인 가격대의 브랜드가 모여 있어 선택지가 넓습니다. 아이가 직접 옷을 고를 수 있도록 기회를 주세요. 소재를 만져보고 디자인을 고르고, 가격표를 보면서 돈의 감각을 익히는 생활 경제 수업이 되기도 합니다.

이 과정은 아이가 자신을 꾸미는 아이템을 고르는 안목을 기르는 연습이기도 합니다. 어차피 청소년기, 성인이 되면 아이는 옷과 신발, 장신구를 스스로 고르게 됩니다. 그때를 위해서는 '잘 고르는 경험'만큼이나 실패해 보는 경험도 필요합니다. 일상에서 선택의 기회를 자주 주면, 아이는 자신에게 어울리는 기준을 스스로 만들어 가게 됩니다.

Q. 편식 심한 아이, 식비 줄이려다 더 안 먹을까 봐 걱정돼요.

식비를 줄이는 것도 중요하지만 아이가 좋아하는 음식을 잘 먹게 해서 성장에 도움을 주는 것 역시 정말 중요합니다. 그래서 저는 일주일에 한 번 가족회의를 합니다. 다가오는 한 주에 아이들이 원하는 반찬이나 국을 꼭 한두 가지는 넣어 주려고 노력해요.

첫째는 집밥을 정말 좋아하는 편이라 된장찌개, 시금치나물, 오징어 부추전, 비빔밥을 좋아하고, 둘째는 미역국, 오이김치, 콩나물국을 좋아합니다. 셋째는 구운 고기, 달걀말이, 김밥을 좋아하더라고요. 아이마다 분명 '잘 먹는 메뉴'가 있습니다.

겹치는 재료를 지혜롭게 활용해 보세요. 예를 들어, 콩나물을 나물로 무쳐 비빔밥을 해 먹고, 남은 콩나물로 콩나물국을 끓이는 식입니다. 같은 재료로 두 가지 메뉴를 만들면 식비도 줄고, 아이도 먹을 확률이 높아집니다.

Q. 외식을 줄이는 게 너무 힘들어요.

저 역시 고민을 많이 한 부분입니다. 다섯 식구는 외식 한 번 하면 5~10만 원 지출이 금방이더라고요. 그래서 저는 자연으로 자주 놀러 가고, 그럴 때는 간단히 도시락을 챙기는 편이에요. 가장 만만한 건 소고기 유부초밥입니다. 아이가 유부를 좋아하지 않는다면 소고기 주먹밥으로 준비하면 되겠죠?

집에 있는 자투리 채소를 초퍼로 다지고, 다진 채소와 다진 소고기를 한 번에 볶습니다. 볶은 재료에 소스를 섞어 유부에 넣으면 끝이에요. 집에 있는 과일 한두 가지만 더 챙기면, 저렴하면서도 든든

한 한 끼가 됩니다.

　결국 '나가면 돈'입니다. 도시락 준비가 번거롭긴 하지만, 막상 먹고 나면 '절약했다'라는 뿌듯함이 훨씬 크게 남더라고요. 번외로 삼각김밥(멸치볶음, 일미, 소고기, 참치)도 좋습니다. 집에 있는 재료로 간단하게 도시락 싸서 날씨 좋은 주말에 나들이 다녀오시는 건 어떨까요?

Q. 집이 좁아서 공간 확보가 어려워요.

대안은 생각보다 많습니다. 49페이지 정리의 3단계를 떠올려보세요.

　첫째는 가구와 큰 물건부터 줄이는 것입니다. 아이 책상을 둘 공간이 없어서 고민이라면, 집안을 한 번 둘러보세요. 사용 빈도는 적은데 넓은 자리를 차지하고 있는 물건이 있지 않나요? 1년째 사용하지 않은 가정용 사이클이라든지 잡동사니를 모아 둔 서랍장 같은 것 말이에요. 이런 것 하나만 정리해도 책상 하나 들어갈 자리는 충분히 나올 수 있습니다.

　둘째는 가구 배치를 바꿔 동선을 정리하는 것입니다. 예를 들어, 아이 옷과 속옷, 양말 수납함을 서로 다른 방에 두고 있진 않나요? 가까운 곳에 모아 두면 아이들의 외출 준비가 쉬워지고 빨래 정리도 훨씬 수월해집니다. 의외로 여유 공간이 생길 수 있어요.

요즘은 생활을 편리하게 해주는 가전과 가구들이 너무나 많습니다. 하지만 이런 제품의 공통점은 대체로 덩치가 크고, 목돈이 든다는 점이에요. 더 큰 문제는, 들여놓고 나서 얼마 지나지 않아 다시 중고로 팔거나 버리는 경우가 너무 흔하다는 것입니다. 가정 경제에도 결코 도움이 되지 않겠지요.

그래서 저는 가전과 가구를 들일 때는 신중하게 고민한 뒤 결정합니다. 지금도 로봇청소기를 살까 말까 6개월째 고민 중이에요. 목돈이 들어가는 가전이기도 하고, 과연 앞으로 내가 이걸 꾸준히 잘 사용할지 확신이 서지 않아서입니다.

제 기준은 이렇습니다. 살까 말까 고민될 때는, 일단 사지 않습니다. 충분히 고민하고 구매한 물건을 책임감 있게 오래 쓰는 사람이 결국 '승자'입니다. '괜히 샀다!' 같은 후회가 적을수록, 가정 경제는 단단해집니다. '(살지 말지) 고민은 편리한 생활을 늦출 뿐'이라는 문구에 현혹되지 마세요. 여러분의 신중한 소비를 응원합니다.

3장

돈 걱정 없는 공부 전략

사교육보다 중요한 건
공부의 방향과 철학

공부 진짜 잘하는 아이들의
숨은 비결

"지능에 인격을 더한 것, 그것이 진정한 교육의 목적이다"

_마틴 루터 킹 주니어

교육부가 발표한 2024년 초중고 사교육비 조사 결과에 따르면 사교육비 총액은 29.2조 원으로 전년 대비 7.7% 증가했고, 사교육 참여율은 80%에 달했다. 사교육이 일상이 된 시대지만, 학교에서 만난 상위권 아이들 가운데 뜻밖에도 학원에 다니지 않는 경우가 적지 않다.

이런 아이들은 대체로 성향부터 다르다. 수행평가나 지필평가 관련 안내를 받으면 작은 수첩을 꺼내 즉시 메모하고, 어제의 학습 진도를 확인한 뒤 오늘의 공부 계획을 세운다. 계획에 그치지 않고 시간 관리까지 꼼꼼히 챙긴다.

학교에서 10년 가까이 근무하며 나는 자연스레 '내 아이를 어떻게 키우면 좋을까'를 끊임없이 고민해 왔다. 교실에서 유독 눈에 띄는

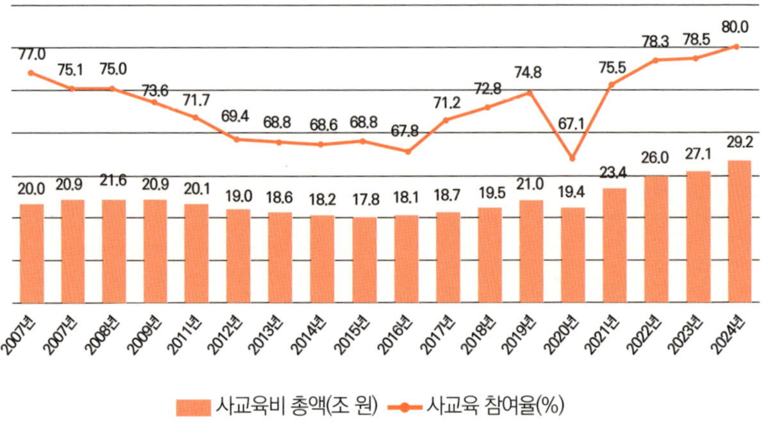

아이들은 '어떤 성장 과정을 거쳤을까?', '그 부모는 어떻게 아이를 길렀을까?' 하는 궁금증 속에서 아이들을 더 유심히 지켜보게 되었다. 흥미로운 점은 교실에서 빛나는 아이는 교사들 사이에서도 자주 언급된다는 사실이다.

"우영이는 제가 예상하지 못한 질문을 하더라고요. 정말 창의적이에요."

"인성도 바르고요. 수업 시간 집중력도 좋아요."

"부모님도 참 좋으시던데요. 든든한 자녀를 두셨어요."

한 아이를 두고 여러 교사가 다양한 관점에서 칭찬하는 일은 흔치 않다. 그렇다면 인성과 지성을 고루 갖춰 많은 선생님이 인정하는 아이들에게는 어떤 공통점이 있을까?

공부 잘하는 아이들의 다섯 가지 특징

1. 메타인지

메타인지는 '내가 무엇을 알고 무엇을 모르는지', '지금의 공부 방식이 효과적인지'를 스스로 점검하는 능력이다. 즉, 공부를 '하는 것'에 그치지 않고 공부를 '관리하는 것'이 메타인지다.

교실에서 눈에 띄는 아이들은 스스로 체계적인 학습 계획을 세운다. 단순히 '수학, 국어 공부하기'가 아니라 달력에 과목·단원·분량을 세분화해 적고, 하루·주·월 단위로 학습 로드맵을 짠다. 공부한 항목 앞에 체크 표시를 하거나 형광펜으로 줄을 긋고, 공부 진행 상황을 문장으로 기록하기도 한다. 계획 → 실천 → 피드백의 루틴이 분명하다. 사소해 보이지만, 이런 기록이 쌓일수록 시행착오의 시간이 줄고, 방법을 보완해 나가며, 자기에게 맞는 공부법을 찾는다. 이것이 메타인지의 핵심이다.

나 역시 사교육 없이 자랐고, 중학교 1학년 때부터 혼자 학습 계획을 세웠다. 그 경험이 내 공부 습관의 토대가 되었으며 계획을 세우고 스스로 점검하는 과정에서 공부 효율이 놀랄 만큼 올라가는 것을 경험했다.

2. 적극성

수업 시간 내내 교사를 똑바로 바라본다. 수업 도입부에 지난 시간 내용을 묻는 말에도 정확히 대답한다. 이해가 되지 않는 부분은 그냥

넘기지 않고, 쉬는 시간에 교사에게 찾아와 묻는다. 배움에 대한 태도 자체가 다르다.

3. 교과서 중심 학습

평소의 학습 태도는 시험 기간에 더욱 분명하게 드러난다. 잘하는 과목은 실수를 줄이는 전략을, 약한 과목은 시간을 더 투자하는 전략을 세운다. 무엇보다 교과서 중심으로 공부한다.

2020년 EBS 문해력 테스트에 따르면, 중학생 27%가 교과서 내용을 제대로 이해하지 못한다. 다시 말해, 교과서를 정확히 읽고 이해하는 것만으로도 중상위권에 이를 수 있다는 뜻이다. 공부를 잘하는 아이들은 자신만의 노트 정리법으로 내용을 요약하고 구조화한다. 참고서나 문제집은 '기본서'가 아니라 '확인용'으로 활용한다.

4. 독서

관심 분야를 중심으로 다양한 영역의 책을 읽으며 자신만의 독서

포트폴리오를 쌓는다. 독서는 국어 실력뿐 아니라 사회·과학 등 전 과목의 이해력을 끌어올린다. 탄탄한 어휘력은 시험 문제를 읽고 이해하는 데 결정적인 힘이 된다. 교실에서 빛나는 아이들의 가방 속에는 늘 읽고 있는 책 한두 권이 들어 있다.

5. 관계

부모 상담을 해보면, 대체로 부모와의 관계가 안정적이라는 것을 알 수 있다. 친구 관계나 공부에 대한 고민이 있으면 부모와 자주 공유하고, 주말 활동을 함께하기도 한다. 무엇보다 부모가 아이를 객관적으로 이해하며, 그 이해를 바탕으로 아이를 돕는다.

자녀 교육 Point

• 시작부터 다른 자기 주도적 공부

아이에게 공부를 '해야 하는 일'이 아니라 '내 삶을 준비하는 도구'로 인식하게 해 주는 것이 자기 주도적 학습의 출발점이다. 성적에 앞서 공부의 의미를 자기 삶과 연결해 볼 수 있도록 도와주어야 한다.

• 책 읽어주기

우리 가족은 매일 밤 잠자리 독서 시간을 갖는다. 아이가 고른 그림책 한두 권이나 글밥 있는 책 10페이지 정도를 읽어 준다. 하루 종일 책을 멀리하는 아이라도, 이 시간만큼은 온전히 이야기와 문장에 머무른다. 이렇게 쌓인 독서 습관은 초등 고학년까지도 자연스럽게 이어져 가족 문화로 자리 잡는다.

가성비 교육:
적성을 탐색할 절호의 기회

"이 세상에서 가장 부유한 사람은
가장 적은 것으로도 만족할 줄 아는 사람이다"

_소크라테스

가정 경제에서 절대 빼놓을 수 없는 지출이 바로 교육비, 그중에서도 사교육비다. 2024년 초중고 사교육비 조사 결과에 따르면, 사교육에 참여하는 학생의 월평균 사교육비는 50만 4,000원에 이른다. 이 항목만 조금 줄여도 가정 경제에 상당한 숨통이 트인다.

사교육의 목적이 돌봄이든 학업 능력 향상이든, 교육비를 줄이고 싶다면, 학원보다 기관(유치원)과 학교에서 제공하는 프로그램을 적극 활용해 보자.

돌봄 프로그램 활용하기

유치원의 경우 맞벌이·다자녀 등 일정 조건을 충족하면 방과후 프로그램에 참여할 수 있다. 우리 아이들도 유치원에 다닐 때 중국어, 과학, 영어, 신체 놀이, 사물놀이 등 다양한 프로그램을 경험했다.

유치원 방과후 프로그램이 참여 여부만 선택하는 구조라면, 학교 유상 방과후 프로그램은 아이와 부모가 원하는 방향으로 시간표를 직접 짤 수 있다는 점에서 훨씬 유연하다.

학부모들이 모이는 온라인 카페에서 자주 묻는 말 중 하나가 "어떤 방과후 프로그램이 도움이 될까요?"다. 내 대답은 늘 같다. "일정만 허락한다면, 아이가 원하는 프로그램을 선택하세요."

초등 1~2학년 시기에 '반드시 해야 할 활동'은 없다. 아이의 성향과 주어진 상황(학교 시간표 및 개설된 프로그램)을 고려해 고르면 된다. 무엇보다 방과후 프로그램은 일반 학원보다 비용이 훨씬 저렴해, 아이의 적성과 흥미를 탐색하기에 효율적이다.

아래 표는 둘째가 참여했던 초등학교 유상 방과후 프로그램이다. 한 달 수업료 5만 원에 재료비 1만 8천 원으로 주 3회 수업을 들었고, 둘째는 이 시간을 무척 즐거워했다.

요일	프로그램	비용
월·수	컴퓨터 기초	주 2회 월 25,000원 (교재비 별도)
화	요리 교실	주 1회 월 25,000원 (재료비 월 18,000원)

방과후 프로그램의 네 가지 장점

1. 저렴한 수강료

가장 큰 장점은 단연 비용이다. 주 1~2회 수업 기준으로 월 2만~3만 원대면 충분한 경우가 많다. 월 10만 원이 훌쩍 넘는 학원비를 생각하면, 가성비 면에서 비교가 되지 않는다.

2. 아이의 흥미를 발견할 기회

첫째는 미술, 음악 줄넘기, 영어, 방송 댄스, 과학 로봇을, 둘째는 방송 댄스, 컴퓨터, 요리, 창의 미술 수업을 들었다. 어느 날 둘째가 이렇게 말했다.

"엄마, 나는 만들기는 별로 재미없어요. 그림 그리기가 훨씬 좋아요. 창의 미술반에서는 만들기를 많이 해서 다음엔 다른 거 하고 싶어요."

이런 시행착오 자체도 아이에게는 필요하다. 여러 활동을 해보며 자신에게 맞는 것을 찾는 경험이 쌓이면, 나중에 학원을 선택할 때 시행착오를 줄일 수 있다.

3. 안전한 환경

안전성도 중요한 장점이다. 방과후 프로그램 강사는 대부분 선발 과정을 거쳐 뽑히며, 학생 수가 많은 학교일수록 경쟁률도 높아 강사의 질이 일정 수준 이상으로 유지된다. 무엇보다 학교 안에서 수

업이 이루어지기 때문에 아이가 이동할 필요가 없고 안전하다.

4. 선택에 따른 책임감 형성

대부분의 학교에서 방과후 프로그램은 2~3개월 단위로 운영된다. 나는 신청 전 늘 아이에게 이렇게 말한다.

"중간에 그만두는 건 안 돼. 네가 고른 거니까 끝까지 책임지고 해야 해."

아이 스스로 선택한 활동을 끝까지 해내는 경험은, 그 자체로 중요한 교육이다. 초등학교 2학년 정도까지는 환경이 허락하는 한 방과후 프로그램을 적극 활용하기를 권한다. 아이의 흥미와 적성을 자연스럽게 파악할 수 있을 뿐 아니라, 가정에서 큰 비중을 차지하는 사교육비를 줄이는 데에도 분명한 도움이 된다.

• 방과후 프로그램 선착순 신청 치트 키 1

대부분 지역에서는 별도의 온라인 사이트를 통해 방과후 신청을 받는다. 인기 강좌는 정원 20명이 1분 만에 마감될 정도로 경쟁이 치열하다. 그런데도 나는 지금까지 단 한 번도 신청에 실패한 적이 없다. 비결은 '입력 시간을 줄이는 것'이다. 바로 스마트폰의 키보드 텍스트 대치(단축어) 기능을 활용하는 방법이다.

아이폰: 설정 → 일반 → 키보드 → 텍스트 대치
갤럭시: 설정 → 일반 → 삼성 키보드 설정 → 단축어

단축어 칸에는 해당 프로그램명의 초성을 입력해 둔다. 예를 들어 '미술 A반'을 신청한다면 단축어에 'ㅁㅅ', 전체 문구에 '미술 A반'으로 입력해 둔다.

• 방과후 프로그램 선착순 신청 치트 키 2

여러 프로그램을 동시에 신청해야 하거나 단축어 설정이 번거롭다면, 사전 준비 전략이 필요하다. 미리 여러 개의 창을 열어 로그인한 뒤, 각각의 프로그램 신청 페이지를 띄워 두자. 그리고 신청 시작 시각에 맞춰 새로고침(F5)을 누르고 곧바로 '신청하기' 버튼을 클릭하면 된다.

알고 보면 필요 없는
선행 학습

"빨리 가려면 혼자 가고, 멀리 가려면 함께 가라"

_아프리카 속담

중학교 2학년 민규는 고1 수학 문제집을 풀고 있다. 그런데도 1차 고사 수학 성적은 75점이다. 시험이 특별히 어려웠던 것도 아니어서 더 의아하다. 사교육도 충분히 받고 있는데 왜 성적은 기대만큼 오르지 않을까?

요즘 선행 학습은 마치 '공부의 기본'처럼 여겨진다. 선행을 하지 않으면 뒤처질 것 같다는 불안이 부모의 마음을 흔든다. 그러나 학교 진도에 맞는 현행 학습이 탄탄하지 않은 선행은 모래 위에 지은 집과 마찬가지로 위태롭다.

교사로서 나는, 현행 학습을 충분히 이해하고 기초가 단단한 아이가 더 높은 학업 성취를 위해 선행을 선택하는 것에는 반대하지 않는다. 문제는 부모의 불안이 아이의 공부를 끌고 가는 경우다. 원하지

않는 공부를 억지로 이어가면 아이의 부담이 커지고, 불안과 경쟁심
이 자란다. 특히 공부 정서에 안 좋은 영향을 미칠 수 있다.

유아기 선행 학습의 문제

최근에는 선행 학습 바람이 유아기까지 내려왔다. '4세·7세 고시'라
는 말이 생길 만큼 조기 선행이 하나의 흐름처럼 번지고 있다. 경쟁
에서 뒤처지지 않게 하려는 마음이 앞서다 보니, 아직 준비되지 않
은 아이에게 무리한 학습을 시키는 경우도 적지 않다.

　선행 학습은 오히려 아이의 두뇌 발달을 방해할 수 있다. 피아제
J. Piaget의 인지 발달 이론에 따르면 아동의 사고 능력은 단계적으로
발달하며 이 과정은 앞당길 수 없다. 특히 조작기(7~11세) 이전의
아이들은 추상적 개념이나 논리적 추론이 어렵다. 이 시기에 추상적
개념을 다루는 선행 학습을 강요하면 학습 효과는 낮고, 오히려 인

피아제 인지 발달 이론

감각 운동기	전 조작기	구체적 조작기	형식적 조작기
0~2세	2~7세	7~11세	11세 이상

지 발달에 부담을 줄 수 있다.

스트레스와 뇌 발달

하버드대 아동발달센터는 반복적이고 강도 높은 스트레스가 뇌의 구조와 기능에 변화를 일으켜, 학습과 행동에 부정적 영향을 미친다고 밝혔다. 학교 현장에서도 이러한 모습은 자주 관찰된다. 나는 학업 중단 학생들을 대하는 업무를 오랫동안 맡아왔는데, 이들 중 상당수가 불안, 과도한 부담, 성취 강박으로 힘들어했다.

자기결정성 이론

심리학자 데시Edward L. Deci와 라이언Richard M. Ryan의 자기결정성 이론에 따르면 인간은 자율성·유능감·관계성이 충족될 때 내적 동기가 높아진다. 과도한 선행과 부모 주도의 학습은 이 세 가지를 약화시킨다. 아이는 '내가 선택한 공부'가 아니라 '시켜서 하는 공부'를 하게 되고, 학습의 즐거움과 주도성은 점점 사라진다.

초등학교 입학 전 공부, 어디까지?

5~7세 아이에게 어느 정도까지 공부를 시켜야 할지 부모는 늘 고민한다. 두 아이를 초등학교에 보낸 엄마로서 내 결론은 단순하다.
"먼저 초등학교에서 무엇을 배우는지 확인하세요."

1~2학년	3~4학년	5~6학년
국어 수학 바른생활 슬기로운 생활 즐거운 생활	국어 사회/도덕 수학 과학/실과 체육 예술(음악/미술) 영어	국어 사회/도덕 수학 과학/실과 체육 예술(음악/미술) 영어

초등 교과 과정을 보면 1~2학년은 배우는 과목 자체가 많지 않다. 사회, 과학, 영어는 3~4학년부터 시작한다. 수학의 경우 1학년 1학기에 다루는 숫자는 1부터 50까지다.

한 지인이 7세 아이에게 수학을 어디까지 시켜야 할지 물었을 때, 나는 1학년 수학 교과서 목차를 보여주었다. 보고 나니 막연한 조급함이 사라졌다고 한다. 교과서만 정확히 파악해도 조기 선행의 필요성을 객관적으로 판단할 수 있다.

아이에게 필요한 최소한의 공부

초등학교 1학년 1학기 교육 과정은 쓰기를 최소화한다. 다만 수학 시간에는 문장으로 제시된 문제를 스스로 읽고 이해해야 하므로 입학 전까지는 한글을 읽을 수 있어야 한다.

아이가 호기심이 많고 스스로 다음 내용을 궁금해한다면, 그 속도에 맞춰 나가도 된다. 그러나 일방적이고 무분별한 선행은 오히려 해가 될 수 있다. 교사가 질문을 끝내기도 전에 정답을 말하는 것보다 교과 내용을 차근차근 익히며 때론 천천히라도 '앎의 즐거움'을 경험하는 것이 학습 지속력을 높일 수 있다.

자녀 교육 Point

• 자신감을 위해 선행이 필요하다?

많은 부모가 "자신감 때문에라도 선행은 해야 하지 않을까?"라고 말한다. 그러나 제대로 이해하지 못한 채 진도만 나가면 '안다고 착각하는 상태'를 만들기 쉽다. 이것이 오히려 학습 자신감을 떨어뜨릴 위험이 있다. 아이에게 필요한 건 아는 걸 자랑하는 자신감이 아니라 모르는 것도 배울 수 있다는 자신감이다. 진짜 실력은 이 태도에서 쌓인다.

• 아이의 기초학력 점검은 EBS 기초학력진단평가로

기초학력 진단평가는 학생이 해당 학년의 기초학력에 도달했는지를 확인하고, 학습 지원 대상자를 선정하는 평가다. 보통 학기 초에는 전년도 학습 내용을 확인하는 '기초학력 진단평가'가 실시된다. 학년이 끝날 무렵, 해당 학년 문제를 풀어보며 아이의 이해 수준을 점검해 보길 권한다. 

*다운로드 방법 : EBS 초등 사이트 접속(https://primary.ebs.co.kr), 검색창에 '기초학력 진단평가 ○학년' 입력

*초등 3~6학년은 '온라인' 모의고사 제공 / 초등 2학년은 필요한 경우 종이 교재 구매.

지속 가능한 마법의 공부 습관:
4P 공부법

"우리는 반복적으로 하는 행동의 총합이다.
탁월함은 행동이 아니라 습관이다"

_아리스토텔레스

"조금만요. 조금만 더 쉬었다가 공부할게요."

"방금 그림 그리기 시작했는데 이것만 마무리하면 안 돼요?"

아이들이 공부를 시작하기란 늘 어렵다. '해야 할 일을 먼저 하고, 하고 싶은 일을 나중에 하면 좋을 텐데'라는 부모의 바람과 달리 아이들은 언제나 자기주장이 강하고, 때로는 청개구리처럼 행동한다.

SNS나 다큐멘터리 속 아이들처럼 스스로 계획을 세우고 실천하면 좋겠지만 우리 집 세 아이, 특히 학령기인 첫째와 둘째는 그렇지 않았다. 그럼에도 내가 자신 있게 말할 수 있는 사실이 하나 있다. 초3인 첫째는 4년 동안, 초1 둘째는 2년 반 동안 평일에는 빠짐없이 공부를 이어왔다. 때로는 미루고 싶어 하거나 힘들다고 투정을 부릴 때도 있었지만 '아예 하지 않은 날'은 손에 꼽을 정도다. 육아에서 가장 큰 산은 '꾸준함'이라고 믿는 나에게 이 성과는 무엇보다 값진 결과다.

4P 공부법

우리 아이들은 유치원 때부터 지금까지 '4P 공부법'을 실천해 왔다. 4P란 하루에 딱 네 쪽만 공부한다는 뜻이다. 딱 네 쪽만 끝내면 그날의 공부는 모두 끝이다.

많은 부모가 말이 안 된다는 듯 내게 묻는다.

"네 쪽이요? 네 장(8페이지)이 아니라요? 너무 적지 않나요?"

하지만 단언컨대 절대 적지 않다. 특히 수학 문제집 네 쪽은 절대 가볍지 않은 분량이다. 어릴 때부터 매일 네 쪽이라는 원칙만 지켜도 아이는 공부를 큰 부담 없이 받아들일 수 있다.

4P 공부의 세 가지 성공 요소

많은 부모가 결국 학원 문을 두드리는 이유는 집에서 공부를 시키기가 너무 힘들기 때문이다. 그럴 때 종종 듣는 말이 있다.

"선생님이니까 집에서도 가능한 거 아닌가요?"

그러나 집 공부는 교사만의 특권이 아니다. 초등 교과는 대부분의 부모가 충분히 감당할 수 있는 수준이다. 아이의 조력자가 되어 주겠다는 마음만 있다면 누구나 할 수 있다. 두 아이와 4P 공부를 이어 오며 내가 깨달은 성공 비결은 세 가지다.

1. 흥미 존중 ─ 부모가 아니라 '아이'가 선택한다

많은 부모가 과목과 교재를 먼저 정해 아이에게 건넨다. 그러나 아이도 성장하면서 의견과 취향이 생긴다. 부모가 일방적으로 정하는 공부는 오래가기 어렵다.

공부의 시작 시기는 아이가 정한다. 글자나 숫자, 특정 분야에 관심을 보이면 그때가 적기다. 그 시기를 놓치지 않는다면 집 공부의 절반은 이미 성공이다. 이때 성공률을 높이기 위해서는 선택의 주도권을 아이에게 넘겨야 한다.

"슬아, 어떤 과목을 배우고 싶어?"

"별아, 어떤 책으로 한글 공부를 해 볼까? 이 중에서 어떤 책이 제일 마음에 들어?"

아이의 선택이 마음에 들지 않더라도 일단은 존중하자. 우리 집에도 두 아이가 다 풀지 못하고 중단한 문제집이 있다. 하지만 그 또한 중요한 경험이다. 아이는 시행착오를 통해 자신에게 맞는 과목과 난이도, 교재를 고르는 안목을 키운다.

2. 시간 존중 ─ 공부 시간의 주도권도 아이에게

아이는 언제 공부하는 것이 가장 좋을까? 하원(하교) 직후, 저녁 식사 전, 저녁 식사 후, 잠자기 전……. 부모로서는 하원 직후가 이

상적이지만 아이는 다르다.

실제로 많은 아이가 이렇게 말한다.

"선생님, 하루 중 제가 마음대로 쉴 수 있는 시간이 없어요."

요즘 아이들은 학교·학원·숙제·돌봄 등으로 쉴 틈이 없다. 첫째도 집에 오면 '내 시간'을 지키려는 욕구가 강했다. 나는 빨리 4P를 끝내고 마음 편히 놀기를 바랐지만 아이는 미루고 미루다 결국 저녁 식사 후에야 공부를 시작했다. 그래서 공부 시간을 아이가 정하게 했다. 대신 선택에는 책임이 따른다는 점을 분명히 했다.

"아까 저녁 먹고 공부하기로 한 사람이 누구였지? 엄마는 네 선택을 존중했어. 약속도 지키면 좋겠어."

부모가 시간을 정하면 공부가 끝날 때까지 아이와 갈등이 이어질 수 있다. 아이 스스로 정한 시간은 의외로 잘 지켜진다.

세 아이의 하루 4P 루틴

	첫째(초3)	둘째(초1)	셋째(5세, 만 3세)
시간	새벽 6:30 (등교 전)	오후 6:30 (저녁 식사 후)	오후 6:30 (저녁 식사 후)
과목 및 분량	· EBS 만점왕 수학 1쪽 · EBS 만점왕 국어 1쪽 · 파닉스 몬스터 2쪽	· EBS 만점왕 수학 · EBS 만점왕 국어	· 한글용사 아이야 기본음절&받침글자
	하루 4쪽	요일별로 두 과목을 번갈아 하루 4쪽	하루 2쪽 (6세부터 4쪽)

3. 성취감 향상 – 공부는 '보상'이 아니라 '책임'

4P 공부에서 교재와 시간을 스스로 선택한 아이는 자연스럽게 자기주도성을 갖게 된다. 나는 공부했다고 해서 칭찬 스티커나 선물, 용돈 같은 외적 보상을 주지 않는다. 공부는 '보상받기 위한 일'이 아니라 '스스로 해야 하는 기본적인 책임'이기 때문이다.

공부는 결국 성취감이 있어야 지속된다. 외적 보상은 잠깐이지만 '내가 해냈다'라는 감정은 오래 남는다. 아이는 누구나 잘하고 싶어 한다. 그 마음을 믿고 지켜보자.

• 때로는 필요한 '시각화' 도구

공부는 내적 동기로 할 때 가장 이상적이지만, 아이도 피곤하거나 숙제가 많은 날에는 의지가 약해질 수 있다. 그럴 때는 '시각화'의 힘을 빌려보자.

– 큰 달력에 '4P 공부'를 실천한 날마다 별 스티커 붙이기

– A4 용지에 날짜를 적어 공부한 날에 동그라미 표시하기

• 4P 공부에 필요한 마음가짐, '융통성'

4P는 지켜야 할 규칙이지, 아이를 옥죄는 절대 규칙은 아니다. 문제집을 풀고 싶어 하는 의지는 있지만 내용이 어려워 힘들어한다면, 그날은 2쪽이나 3쪽으로 조절해도 괜찮다. 다만 아이의 말을 무조건 받아들이라는 뜻은 아니다. 부모와 아이가 충분히 대화를 나누고 함께 결정하는 게 바람직하다.

교재도 마찬가지다. 아이 수준에 맞지 않아 한 장을 푸는 데도 큰 부담을 느낀다면, 교재를 바꾸는 것이 더 현명한 선택일 수 있다. 공부가 두려움이 아니라, 해볼 만한 도전으로 남는 것이 4P 공부법의 핵심이다.

S.M.A.R.T 한
교재 선택법

"잘 시작하면 이미 반은 끝낸 것이다"

_아리스토텔레스

지금까지 정말 많은 문제집을 골라 왔다. 어떤 때는 아이에게 꼭 맞는 교재를 찾은 덕분에 아이도 즐겁고, 그 모습을 지켜보는 나 역시 덩달아 기분이 좋아지는 경험을 했다. 반대로 아이의 수준과 맞지 않거나 지나치게 지루한 교재를 선택해, 아이도 나도 괴로운 시간을 보낸 적도 적지 않다. 그래서 첫 단추가 중요하다. 아이에게 '인생 첫 공부'는 그 자체로 하나의 기억이 되고, 그 기억이 즐겁고 편안해야 다음 공부도 자발적으로 이어질 가능성이 높아진다. 그만큼 교재 선택이 중요하다.

좋은 문제집이란?

엄마들 사이에서 평이 좋은 교재가 우리 아이에게는 맞지 않을 수 있다. 아이가 먼저 펼치고 싶어 하는 문제집을 골라야 학습 효과를 기대할 수 있다.

첫 교재만큼은 아이에게 선택권을 넘기길 추천한다. 서점에서 표지와 내지를 함께 살펴보며 아이가 마음이 가는 교재를 선택하게 하자. 나는 미리 아이가 관심을 보이는 과목의 교재 4~5권을 후보로 정한 뒤, 서점에서 직접 펼쳐 보며 고르게 했다. 아무 준비 없이 가면 수백 종의 문제집 사이에서 부모도 아이도 금세 지친다. 두세 권만 놓고 차분히 비교하면 아이도 선택이 쉬워진다.

문제집도 전략적으로 고르자: S.M.A.R.T. 기준

1. Step-by-step : 개념이 단계적으로 잘 설명되어 있는가

4P 공부의 핵심은 아이 스스로 주도적으로 공부할 수 있도록 돕는 데 있다. 따라서 교재의 첫 페이지에 제시된 설명을 아이가 혼자 읽고 이해할 수 있는지가 매우 중요하다. 다음과 같은 교재는 가급적 피하는 것이 좋다.

- 개념 설명만 덩그러니 있고 그림이나 예시 없이 곧바로 문제가 제시되는 책
- 난이도가 점진적이지 않고 갑자기 확 뛰어 혼자 풀기 어려운 흐름의 교재
- 풀이 요령이나 비법만 강조하고 원리 설명이 부족한 교재

2. Manageable : 아이가 부담 없이 완주할 수 있는가

문제집이 지나치게 두껍거나 한 페이지 안에 문제 수가 너무 많으면 아이는 금세 흥미를 잃는다. 4P 공부를 기준으로 할 때 두 달 정도면 끝낼 수 있는 분량이 적당하다. 한 페이지를 푸는 데 지나치게 긴 시간이 걸린다면 하루 2P나 3P로 조정할 수 있지만 초반부터 분량을 자주 줄이는 것은 바람직하지 않다. 처음부터 기준이 흔들리면 아이가 책임감을 느끼기 어렵다.

스티커 붙이기나 만들기 활동이 포함된 유아용 교재는 4P 공부와도 잘 어울린다. 이후 수학·한자·어휘·파닉스처럼 본격적으로 학습과 연계된 문제집을 푸는 단계에서는 난이도에 맞춰 분량 조절을 고려하면 된다.

3. Attractive : 아이가 흥미를 느끼고 스스로 풀고 싶어 하는가

문제집은 아이의 취향을 최대한 반영해야 한다. 그림, 글씨체, 페이지 구성, 종이 질 같은 요소도 생각보다 중요하다. 특정 캐릭터를 좋아하는 아이라면 그 캐릭터가 등장하는 교재도 좋은 선택이다. 둘째가 '한글 용사 아이야'를 좋아할 때는 그 캐릭터가 그려진 한글 교재를 골랐고, 알파벳을 배울 때는 '캐치티니핑' 캐릭터가 있는 교재를 골랐다. 이런 작은 흥미 요소가 공부에 대한 관심과 지속력을 높인다.

4. Real purpose : 아이의 학습 목표와 맞는가

아이가 한글을 배우고 싶어 하는데 부모가 수학을 고집하는 경우가 있다. 아이로서는 처음으로 표현한 학습 욕구가 존중받지 못한 셈이니, 속상함과 함께 의욕도 쉽게 꺾인다. 특히 미취학 아동에게는 '반드시 배워야 할 과목'이 정해져 있지 않다.

첫째가 어느 날 피아노 공부를 하고 싶다고 했을 때, 나는 음악 이론 교재를 골라 매일 4P씩 풀게 했다. 아이는 계이름을 알아가는 재미에 빠져 세 권이나 즐겁게 마칠 수 있었다. 지금 우리 아이가 무엇을 배우고 싶어 하는지, 그 마음부터 먼저 살펴보자. 아이의 첫 공부는, 아이의 선택이 우선이다.

5. Time-efficient : 시간 대비 학습 효과가 높은가

첫 교재는 어느 정도 느슨해도 괜찮지만, 학습이 자리를 잡은 뒤에는 반드시 효과가 있는지를 고려해야 한다. 피해야 할 교재 유형은 다음과 같다.

- 단순 반복이 지나치게 많은 교재
- 기계적인 쓰기 연습만 시키는 책
- 같은 유형의 문제만 계속 나오는 구성

특히 어린아이에게 지나친 연산 반복은 연산의 속도를 높이는 데는 도움이 되지만 흥미를 떨어뜨려 장기적으로는 학습 효과를 약화

한다. 아이가 연산 교재를 힘들어한다면 수리적 사고를 자극하는 다양한 유형의 문제집이 더 효과적일 수 있다.

유아기 추천 교재

한글	수학	한문	음악
「한글용사 아이야 기본음절&받침글자」	「창의사고력수학 킨더팩토」	「최소한의 초등 한자」	「디즈니 음악이론」

교재 선택 전 체크리스트

1. Step-by-step
   개념이 단계적으로 잘 설명되어 있나요? ( )

2. Manageable
   아이가 끝까지 부담 없이 해낼 수 있나요? ( )

3. Attractive
   아이가 흥미를 느끼고 스스로 펼치고 싶어 하나요? ( )

4. Real purpose
   아이의 현재 학습 목표와 잘 맞나요? ( )

5. Time-efficient
   시간 대비 학습 효과가 높은가요? ( )

4개 이상 해당하면 S.M.A.R.T 한 선택

• 교재를 처음 시작하는 아이

처음 문제집을 시작하는 아이에게는 부모의 역할이 특히 중요하다. 최소한 처음 2주 정도는 아이 옆에 앉아 함께 풀어 주는 시간을 가져보자. 이때 정답과 오답을 가르는 빨간색 'X'나 '/' 표시보다, 별이나 세모 같은 부드러운 표시를 사용하는 것이 좋다. 틀림이 곧 실패로 느껴지지 않도록 하기 위해서다.

처음부터 "혼자 해 봐"라는 태도로 거리를 두면, 아이는 공부를 어렵고 외로운 일로 인식하기 쉽다. 옆에 앉아 책을 읽거나 조용히 일을 하며 함께 시간을 보내는 것만으로도 아이는 정서적 안정감을 느낀다.

• 다 푼 교재 활용법

문제집을 한 권 끝냈다면 틀린 문제만 모아 자필 오답 노트를 만들어준다. 다시 풀어 보는 과정에서 개념이 온전히 이해됐는지 점검할 수 있다. 교재를 끝냈다고 바로 버리기보다는, 오답을 중심으로 한 번 더 되짚어 보는 시간을 갖는 것이 좋다. 이 작은 습관이 쌓이면, 아이는 스스로 자신의 약점을 점검하고 보완하는 법을 배운다.

사교육
활용 매뉴얼

"돈은 단지 도구일 뿐이다. 원하는 곳으로 데려다 줄 수는 있지만,
운전자를 대신하지는 않는다"

_아인 랜드

최근 한 시사 프로그램에서 '7세 고시'라는 표현이 등장했다. 명문대 입학을 목표로 유아기부터 사교육이 시작되는 현상을 가리키는 말이다. 어떤 유명 학원은 입학을 위해 레벨 테스트를 치러야 하고, 그 레벨 테스트를 위한 '준비 학원'까지 생겨날 정도다. 한국 사회의 사교육 열풍이 얼마나 과열돼 있는지를 단적으로 보여주는 사례다.

연세대학교 소아정신과 천근아 교수는 이러한 현상에 대해 다음과 같이 경고한다.

"논리적 추론 등을 담당하는 전두엽이 발달하기도 전에 중·고교 수준의 문제를 아이에게 풀게 하는 건 학대입니다. 어릴 때 받아야 할 정서적인 자극 대신 독해·추론 같은 자극이 뇌에 들어오면 뇌가 망가지게 됩니다. 지금은 반짝 공부를 잘하는 것처럼 보여도 나중에는 학습 능력이 떨어지고 우울·불안 증세로 치료받게 될 가능성도 커집니다."*

똑똑한 사교육 활용법

현실적으로 사교육이 필요한 경우도 있다. 그러므로 더더욱 원칙을 세워 '똑똑하게' 활용해야 한다.

1. 원칙 세우기 — 형평성과 기준이 먼저다

아이가 셋인 우리 집은 사교육 원칙을 명확하게 세울 수밖에 없었다. 한 아이는 학원을 두세 개 보내고, 다른 아이는 하나도 보내지 않는 것은 형평성에 어긋나기 때문이다.

우리 집의 사교육 시작 시기는 7세다. 첫째와 둘째 모두 7세 1월과 3월부터 학원에 다니기 시작했고, 초1과 초3이 될 때까지 각각 한 곳의 학원만 다녔다. 이렇게 사교육 시기를 늦추고 최소화할 수 있었던 이유는 유치원 시기에는 방과후 과정을, 초등 저학년에는 방과후 프로그램과 돌봄교실을 적극 활용했기 때문이다.

학교에서 제공하는 공교육 프로그램을 충분히 활용하면 교육비 부담을 줄일 수 있을 뿐 아니라, 아이가 다양한 활동을 경험하는 데

---

* 변태섭, "7세 고시는 학대, 아이 뇌 망가트려… 소아정신과 교수의 단호한 조언", 한국일보, 2025.04.15, https://www.hankookilbo.com/News/Read/A2025041411290003241?did=NA

도 큰 도움이 된다.

2. 예체능 과목 위주로 — 유아기 사교육의 핵심은 '오감 자극'

연구 결과에 따르면 영유아기 사교육 경험은 초등학교 1학년 시기의 전반적인 언어 능력이나 어휘력과 큰 상관관계가 없다. 이후에도 언어 능력, 문제 해결력, 집행 기능에 큰 영향을 미치지 못했다. 오히려 자아 존중감, 삶의 만족도 등 사회·정서적 측면에서는 긍정적인 효과가 없거나 부정적인 영향을 미치는 것으로 나타났다.[*]

유아기 사교육은 학업 중심보다 예체능·신체 활동·감각 자극 위주의 학원이 바람직하다. 다양한 소리를 듣고 미술 작품을 감상하고 몸을 움직이는 경험 등 오감을 자극하는 활동이 아이의 두뇌 발달과 전인적 성장을 돕는다.

우리 집 첫째와 둘째 역시 초등 입학 전까지는 예체능 위주로만 사교육을 했다.

	7세	8세
첫째	피아노	태권도
둘째	태권도 → 미술	태권도

---

[*] 이용익, "'4세 고시' 올인했는데… 영어유치원, 효과 없다", 매일경제, 2025.04.15, https://www.mk.co.kr/news/society/11292227

3. 사교육 기관, 이렇게 고른다

1) 상담은 반드시 '대면'으로

학원을 제대로 파악하려면 전화보다 방문 상담을 추천한다. 가능하면 아이와 함께 방문하자. 아이 역시 학원을 고르는 경험이 필요하다.

상담 시 반드시 확인할 것

- 커리큘럼 구성(첫 교재, 수업 단계, 주차 별 내용)
- 담당 교사
- 수업 횟수와 수업료
- 시설과 안전성

상담이 끝난 뒤에는 아이에게 학원 분위기나 수업에 관한 느낌을 물어본 뒤 의견을 참고한다.

2) 체험수업은 무조건 활용

일부 학원은 체험수업을 제공한다. 아이가 학원에 끌려다니지 않고 주도적으로 다니게 하려면 아이도 선생님을 가까이에서 만나볼 필요가 있다. 선생님과의 호흡을 파악하기 위해서라도 체험수업 참여를 추천한다.

3) 학습 학원은 '월 1회 점검'이 필수

국어·영어·수학 학원을 보낼 때는 학습 상태를 최소 한 달에 한 번은 점검해야 한다. 7세 아이를 국어학원에 6개월 동안 보냈는데, 아이가 받침 없는 글자도 못 읽는다며 하소연하는 부모도 있었다. 중요한 것은 학원과 기간이 아니라 실제로 무엇을 배우고 있는지다.

학원은 아이의 공부를 대신해 주지 않는다. 부모가 먼저 점검하고 궁금한 점은 학원에 적극적으로 문의하자. 부모의 관심이 깊을수록 학원의 태도도 달라진다.

학원을 그만두고 싶다고 할 때, 아이의 선택을 존중하자

아이가 학원을 그만두고 싶은 이유를 논리적으로 말한다면, 부모는 그 선택을 존중하는 것이 바람직하다.

첫째는 피아노를 1년 다닌 뒤 이렇게 말했다.

"엄마, 나 피아노 그만 다니고 싶어요. 학교에서도 책상에 오래 앉아 수업 듣는데, 피아노 학원에서도 계속 앉아 있으니까 너무 지루해요. 태권도 학원에 가 보고 싶어요."

2주 동안 여러 차례 대화를 나눈 뒤 아이의 의지를 존중했다. 그 뒤 태권도장 상담과 체험수업을 거쳐 지금까지 3년 넘게 즐겁게 다니고 있다.

둘째는 태권도를 3개월 다니다가 미술학원을 원했다. 첫째와 마찬가지로 10일 정도 여러 차례 대화를 나눈 뒤 아이의 선택을 존중했다.

　이유가 명확하다면, 그 선택은 존중하자. 부모의 신뢰를 경험할수
록 아이는 선택에 더 신중해지고, 자기 의견을 솔직하게 표현한다.

자녀 교육 Point

• 학원 상담은 최소 두 군데 이상
옆집 아이에게 맞는 학원이 우리 아이에게 맞는다는 보장은 없다. 최소 두 곳 이상 방문 상담을 추천한다. 부모도 아이도 학원에 대한 안목이 길러진다. 상담 시간은 10분 정도면 충분하다.

• 숙제 꼼꼼하게 점검하기
최소 월 1회는 아이의 학습 상태뿐만 아니라 숙제 분량이나 난이도가 적절한지 점검한다. 숙제가 지나치게 많거나 어려우면 흥미가 금방 떨어진다. 숙제하는 동안 작은 칭찬을 건네고 아이 의견도 들어보자.

2,000만 원 아끼고
공부 효과는 두 배로

"어떤 경험은 당장은 즐거울 수 있지만,
부주의한 학습 태도를 형성할 수도 있다"

_존 듀이

보통 '국민 평수'라 부르는 30평 아파트가 6억 원이라면, 1평의 가치는 약 2,000만 원이다. 1평은 가로세로 각 1.8m 남짓한 면적으로, 성인 한 명이 겨우 누울 수 있는 작은 공간이다. 책꽂이가 붙은 큰 책상 하나가 들어가거나, 작은 책상 두 개를 나란히 놓을 수 있을 정도의 크기다.

아이가 초등학교에 입학할 시기가 다가오면 부모는 자연스레 책상을 마련해줘야 할지 고민하게 된다. 그러나 책상 구매는 생각보다 훨씬 신중하게 결정해야 할 문제다.

책상을 서둘러 사지 않아도 되는 이유

첫째가 어릴 때 우리 집 거실에는 유아용 책상이 있었다. 세 살에 구매한 '일룸 팅클팝' 직사각형 책상과 리바트 꼼므 의자는 삼 남매를 키우는 동안 알차게 쓰였다. 색종이 접기, 클레이 놀이, 독서, 그리고 4P 공부까지 아이들의 거의 모든 활동이 그 작은 책상에서 이루어졌다.

요즘은 초등 입학 때쯤이면 아이 방에 책장·책상·조명·보조 책상까지 한꺼번에 들여놓는 경우가 많다. 의자도 "이왕이면 좋은 것"이라며 고가 제품을 선택한다. 그러나 아이의 성장 과정과 공간의 효율성을 고려하면 책상은 결코 서둘러 마련할 필요가 없다.

1. 초등학교 2학년까지는 굳이 책상이 없어도 된다

어린아이에게는 낮은 책상이 훨씬 적합하다. 클레이나 색종이 접기 같은 만들기 활동이 많은 유아기에는 성인 무릎 정도 높이의 책상이 더 편하다. 아이의 공부를 봐줄 때 유아 책상이 좁게 느껴진다면 식탁을 책상으로 활용하고 유아용 하이체어를 사용하는 것도 좋은 방법이다. 우리 집도 식탁에 중고 하이체어를 배치했다. 발 받침이 있는 하이체어에 앉아 공부하는 것을 아이들도 편안해했다.

아이에게 '새출발'을 응원한다는 마음으로 큰 책상을 들이는 일은 천천히 해도 늦지 않다. 가구는 한 번 집에 들이면 쉽게 버리지도 못하고, 아이의 성장에 따라 오히려 불편해질 수도 있다. 가장 아쉬운 경우는 "어차피 클 테니까"라는 이유로 무조건 큰 책상과 의자를 사는 것이다. 아이의 신체에 맞지 않는 책상은 바른 자세를 방해하고, 무릎을 꿇거나 자주 일어나게 만든다. 이런 경험은 아이에게 '책상은 불편한 가구'라는 부정적인 인식을 줄 수 있다.

2. 아이가 자신의 방으로 들어가는 시기

우리나라에서는 아이 방을 만들어주는 것이 보편적이다. 학령기가 되면 책상과 의자, 침대를 들여놓으며 아이의 독립을 응원한다. 그러나 사춘기가 되면 아이는 알아서 방으로 들어간다. 사생활을 지키고 싶고 부모의 간섭을 피하고 싶어서다. 이르면 초등학교 3~4학년만 되어도 또래 관계를 중시하며 자신만의 영역을 만들려는 모습을 보인다.

책상과 침대가 한 공간에 있으면 눕고 싶은 유혹도 커진다. 나 역시 어릴 때 방 안에 책상과 침대가 함께 있어 틈만 나면 누워 시간을 보내곤 했다. 아이에게 굳이 이른 시기부터 독립된 생활 공간을 만들어줄 필요가 있을까? 아이가 어릴수록 공부하다가 부모에게 묻고 확인받는 일이 잦다. 부모 역시 집안일을 하다가 아이 방에 들어가 공부를 봐주기 쉽지 않다. 오히려 거실의 유아 책상이나 주방 식탁에서 공부하는 편이 서로 소통하기에도 편하다.

"그만 놀고 방에 들어가서 공부해!" 보다는 "슬아, 책 가지고 와. 엄마는 식탁에서 책 읽을 테니까, 너는 문제집 풀다가 어려운 거 있으면 물어봐"라고 말하는 것이 훨씬 낫지 않을까?

네 자녀를 도쿄대 의대에 보낸 거실 학습 전문가 사토 료코는 이렇게 말한다. "거실 학습을 하면 놀이와 공부가 자연스럽게 연결됩니다. 놀다가도 바로 옆에 있는 책상으로 가서 연필을 들 수 있기 때문에 공부하려는 마음이 생깁니다."

3. 경제적 이유

요즘 책상 가격은 절대 가볍지 않다. 어느 날 아이가 큰 책상을 갖고 싶다고 해서 알아보니, 이른바 '국민 초등학생 책상' 가격이 기본 70만 원, 많게는 100만 원에 달했다. 가구는 한 번 들이면 처분도 쉽지 않고, 중고로 되팔아도 감가가 크다.

과연 초등학교 1학년에게 100만 원짜리 책상이 필요할까? 책상을 들이면 그만큼의 공간도 사라진다. 앞서 말했듯 1평은 2,000만 원의 가치가 있다. 그 공간에 차라리 전면 책장이나 회전 책장을 두어 아이들이 자유롭게 책을 꺼내 읽고 이야기를 나누는 열린 공간으로 활용하는 것이 더 의미 있지 않을까? 혼자만의 공간이 아니라 가족이 함께 쓰는 공간이 될 수도 있다.

기존 가구를 최대한 활용하기

첫째는 2학년이 되자 책상의 필요성을 느끼기 시작했는지, "책상 좀 사 주세요"라는 말을 자주 했다. 우리 부부는 이 문제를 두고 여러 차례 가족회의를 했다. 그리고 다음과 같이 결정했다.

"일룸 팅클팝 책상은 다리를 추가해서 높일 수 있어. 일반 책상처럼 만들어 줄까? 동생들이 요즘은 그 책상을 잘 안 쓰니까 네가 혼자 써도 괜찮을 것 같아. 새 책상을 사면 공간도 많이 차지하고 비용도 많이 드니까, 구매는 천천히 결정하자. 엄마가 의자도 중고로 하나 구해놨어."

나는 중고 시장에서 시디즈 링고 의자를 무료로 받아왔다. 원래는 의자의 엉덩이, 등받이 커버를 교체해서 아이에게 주려고 했으나 프레임과 커버의 상태가 좋아 교체할 필요도 없었다. 유아 책상에 다리만 추가해 높이를 맞추고, 의자를 함께 두었을 뿐이다. 책상을 새로 사지 않은 덕분에 옆 공간에는 아이들이 편하게 놀 수 있는 여유 공간도 둘 수 있었다.

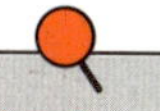

• 책상이 없어도 정리 공간은 꼭 마련해 주기

책상을 들이면 보통 서랍과 책장이 딸려온다. 이 수납공간을 통해 아이는 자연스럽게 자신의 물건을 정리하는 습관을 기른다. 하지만 여건상 책상을 마련하기 어렵거나 유아용 책상을 계속 활용할 계획이라면, 아이 전용 수납공간만큼은 따로 마련해 주는 것이 좋다. 아이가 스스로 자신의 물건을 꺼내고, 정리하고, 되돌려 놓을 수 있는 '자기 자리'를 만들어 주자. 공간의 크기보다 중요한 것은 아이에게 관리 책임이 있는 공간이 존재한다는 사실이다.

• 진정한 공부 효과

공부의 효과는 비싼 가구보다 꾸준한 습관이 만든다. 하루 20분이라도 같은 자리, 같은 시간에 앉아 학습하는 경험을 반복할 수 있도록 도와주자. 작은 반복이 쌓이면 자연스럽게 '집중의 리듬'이 형성되고, 환경에 큰 비용을 들이지 않아도 공부에 몰입하는 힘을 기를 수 있다.

교사 엄마가 말하는 공부의 초고속 추월차선

"독서는 사람을 충실하게 만들고, 대화는 재치 있게 만들며, 글쓰기는 정확하게 만든다"

_프랜시스 베이컨

아이가 어릴 때부터 할 수 있는 활동 가운데, 당장은 '공부'로 인식되지 않지만 학령기에 들어서면 놀라운 아웃풋을 만들어내는 것이 있다. 바로 독서다. 독서는 단순히 읽기 능력을 넘어 아이의 학습 전반을 끌어올리는 핵심 동력으로 작용한다.

독서의 장점은 분명하다. 첫째, 한 권의 책을 끝까지 읽는 과정에서 엉덩이 힘, 즉 끈기가 길러지고, 그 끈기는 곧 집중력으로 이어진다. 둘째, 자연스럽게 어휘력과 문해력이 발달한다. 셋째, 이 두 가지가 탄탄해지면 사교육에 대한 의존도가 낮아진다.

중학교 교과서에는 '여론', '민주주의', '굴절', '투과'처럼 추상적이거나 개념 이해가 필요한 용어가 빈번히 등장한다. 중학교 도덕 교과서에 나오는 다음의 문장을 예로 들어 보자.

우리는 과학 기술이 가치 중립적이라는 주장을 비판적으로 바라보아야 한다. 과학 기술을 발견하고 활용하는 과정에서 특정한 가치가 개입될 수 있기 때문이다. '무엇을 어떻게 연구할 것인가?'라는 과학자의 고민 속에는 과학자의 특정한 가치관이 포함되어 있다. 그리고 과학 기술은 국가나 기업, 개인의 이익과 밀접히 연결되어 있다. (중략) 또 과학 기술을 현실에 활용하는 과정에도 가치가 개입된다. 따라서 과학 기술은 도덕적 판단의 대상이고, 과학자에게도 책임이 따른다.

_노영준 외, 『도덕2』, 동아출판

이 문단을 이해하려면 단순히 읽기 능력만으로는 부족하다. 문해력, 즉 문장을 읽고 의미를 해석하며 맥락을 파악하는 힘이 반드시 뒷받침되어야 한다. 문해력은 단기간에 만들어지지 않는다. 어릴 때부터 쌓아온 독서 경험이 차곡차곡 쌓여 어느 순간 힘을 발휘한다.

독서력은 나무의 뿌리와 같다. 뿌리가 깊고 넓게 뻗어 있어야 줄기가 단단해지고, 어떤 환경에서도 쉽게 흔들리지 않는다. 책을 많이 읽은 아이는 교과서를 빠르고 정확하게 이해한다.

세 아이의 독서 생활

아이가 책을 가까이하려면 '독서는 즐거운 것'이라는 인식이 자리 잡아야 한다. '나중에 시험 잘 보려면 지금부터 독서를 제대로 시켜야지'라는 마음으로 접근하면 아이는 책과 가까워지기 어렵다.

초3인 첫째는 『해리포터』 전권을 네 번 이상 읽었다. 이제는 잠자리 독서도 부모 도움 없이 혼자 즐긴다. 초1인 둘째는 새로운 그림책이 보이면 앉은 자리에서 네다섯 권을 읽는다. 요즘은 문고판 세계 명작도 혼자 곧잘 읽는다. 잠자리 독서 시간에는 문고판을 10~20쪽씩 읽어주고 있다. 셋째는 낮에는 책을 찾지 않지만 잠자리에 들기 전 네 권의 책을 직접 골라 와 읽어달라고 한다. 신기하게도 잠자리 독서만큼은 꼭 챙긴다.

부모의 역할은 '책 읽을 기회'를 마련해 주는 데까지다. 독서의 즐거움은 아이 스스로 느끼게 해야 한다.

1. 책을 가까이하게 만드는 방법

아이 수준에 맞는 책 고르기

집중력이 부족한 아이에게 한 페이지에 글이 빽빽한 책을 읽어주면, 아이는 그 시간을 고역으로 느낄 수 있다. 이럴 때는 글밥이 적고 그림이 중심이 되는 책부터 시작하자.

'재미있다'라고 느끼는 책

그림책을 고를 때는 아이가 좋아하는 그림체, 색감, 소재, 이야기 구조를 유심히 살핀다. 취향에 맞아야 관심이 생긴다. 반복해서 같은 책만 읽는 것을 '편식 독서'라며 걱정하는 부모도 있지만, 반복 독서는 어휘력과 이해력을 키우는 데 매우 효과적이다. 둘째는 반복 독서를 통해 내용을 거의 외운 뒤, 그림만 보고도 이야기를 술술 풀

어냈다. 아이가 읽어달라는 책은 몇 번이든 읽어주자.

꾸준히 읽어주기

"인제 그만 놀고 책 좀 읽어"라는 말로 다그치기보다, 매일 밤 잠자리 독서로 자연스럽게 책을 접하게 하자. 추천 도서 목록을 내미는 것보다, 책 선택은 전적으로 아이에게 맡기는 편이 낫다.

셋째는 한동안 자연 관찰 전집만 골라 왔다. 내심 스토리가 있는 책을 읽었으면 했지만 강요하지 않았다. 그러다 몇 달 뒤, 스스로 『100층짜리 집』을 골라 왔다. 독서력은 어른의 속도가 아니라, 아이의 속도에 맞춰 자란다.

2. 좋아하는 책을 자연스럽게 늘리는 방법

소재가 비슷한 책

자동차, 공룡, 똥오줌, 세계 명작 등 아이마다 선호하는 소재가 있다. 익숙한 소재를 중심으로 확장하면 거부감이 적다.

같은 작가의 책

그림체와 이야기 전개 방식이 비슷해 안정감을 준다.

같은 출판사의 책

보통 문고판 책의 뒷날개에는 해당 출판사에서 출간한 다른 책들을 소개한다. 첫째는 책날개를 유심히 살펴본 뒤, 관심이 가는 책이 있으면 도서관에서 찾아보곤 했다.

공부의 진짜 추월 차선은 독서력

아이의 지적 능력을 가장 효율적으로, 그리고 꾸준히 성장시키는 방법은 결국 독서다. 어려운 단어의 뜻을 스스로 유추하고 교과서 문장을 정확히 이해하는 힘은 독서를 통해 길러진다. 독서로 쌓은 어휘력·문해력·집중력은 어떤 사교육도 대신 만들어줄 수 없는, 가장 강력한 학습 자산이다.

• 수준에 맞춰 읽어주기

아이가 나이에 비해 글밥이 많은 그림책을 가져온다면, 내용을 전부 그대로 읽어주려 애쓰지 않아도 괜찮다. 이해하기 어려운 부분은 적절히 풀어 설명하거나 일부를 생략해도 된다. 중요한 것은 '정확한 완독'이 아니라, 아이의 독서 욕구를 존중하고 이어가는 것이다.

• 독서를 놀이로 만들기

책 내용이 아무리 재미있어도, 읽어주는 사람이 재미를 살리지 못하면 아이는 독서를 지속하기 어렵다. 인물에 따라 목소리를 바꿔 읽어주고 감정을 실어 전달하다 보면, 듣는 아이도, 읽는 부모도 이야기에 빠져들게 된다. 책 읽는 순간이 즐거워야 아이에겐 독서가 숙제가 아닌 놀이로 자리 잡는다.

스마트폰과의 전쟁:
미끄러운 경사길을 피하려면

"만족할 줄 아는 사람은 언제나 넉넉하고,
멈출 줄 아는 사람은 위태롭지 않다"

_노자

둘째 담임선생님은 학기 초, 며칠 동안 같은 내용의 알림장 메시지를 보냈다.

"아이가 핸드폰 사용 예절을 지키도록 도와주세요(학교에 오면 핸드폰 *끄기*, 수업 마치고 핸드폰 확인하기)."

핸드폰을 별도로 수거하지 않는 초등학교에서는, 그만큼 스마트폰으로 인한 수업 방해가 잦다는 의미일 것이다. 중학교라고 크게 다르지 않다. 등교 후 제출 규칙이 있음에도 공기계를 내고, 자신의 스마트폰은 따로 챙겨와 수업 시간에 몰래 사용하는 아이들도 있다.

밤늦게까지 릴스나 쇼츠 같은 짧은 영상을 보느라 잠을 제대로 자지 못한 채 등교하는 아이들도 적지 않다. 민규는 가수가 꿈이라 각종 콘서트 영상과 보컬 트레이닝 영상을 보다가 새벽 2시가 되어서

야 잠든다고 했다. 당연히 오전 수업은 졸음과의 싸움이고, 피로가 누적되다 보니 친구들과의 관계도 불안정해져 감정 조절 실패로 인한 다툼이 잦다.

수민이는 스마트폰 문제로 부모와 자주 충돌했다. 결국 어머니가 핸드폰을 빼앗자, 등교 자체를 거부하는 상황까지 벌어졌다. 이처럼 스마트폰은 이제 초·중학생에게조차 통제하기 버거운 물건이 되어 가고 있다.

핸드폰 사용 시간을 스스로 조절하지 못하면 시간 관리가 무너질 뿐 아니라, 정작 해야 할 일에 집중하기도 어려워진다. 그렇다고 스마트폰을 무조건 금지하는 방식이 해답은 아니다. 어릴 때부터 어떻게 사용해야 하는지, 어디까지 허용되는지를 차분히 가르칠 필요가 있다.

부모가 스마트폰을 보여주는 이유

과학기술정보통신부와 한국진흥정보사회진흥원이 발간한 「2024 스마트폰 과의존 실태조사 본 보고서」에 따르면 만 3~9세 자녀에게 스마트폰을 보여주는 이유는 다음과 같다.

이유	비율(%)
공공장소에서 자녀를 통제하기 위해	42.7
부모의 가사·직업 활동, 대인관계 활동 시간을 확보하기 위해	29.4
자녀의 교육·학습의 수단으로	15.2
식사·재우기 등 양육의 보조 수단으로	10.2
자녀가 떼를 쓸 때	2.4

위 표에서 보듯, '공공장소에서 아이를 통제하기 위해' 스마트폰을 보여준다는 응답이 가장 높다.

그러나 나는 세 아이를 키우며 스마트폰을 통제의 도구로 사용하는 것을 최대한 피하려 노력했다. 아이에게 무분별하게 스마트폰 영상을 노출하는 일은 장기적인 관점에서 결코 도움이 되지 않는다고 판단해서다.

미국 소아과학회(AAP)는 24개월 이하 영아에게는 TV·스마트폰 등 미디어 노출을 피하고, 3~5세 아이에게는 하루 1시간 이내로 제한할 것을 권고한다. 이 사실을 모르는 부모도 있지만, 알고도 어쩔 수 없이 보여주는 경우가 많다는 점이 안타깝다.

미끄러운 경사길을 피하기 위해서는

어떤 사소한 행위나 제도를 허용했을 때 연쇄적인 인과 작용이 이어져 결국 의도하지 않은 부정적 결과에 이르는 현상을 '미끄러운 경사길 논증'이라 한다. 스마트폰이 바로 그렇다.

처음에는 잠깐, 조금씩 허용했지만 지속적인 사용은 결국 아이의 학업 수행을 방해하고 스마트폰에서 벗어나기 어려운 상태로 이끌 수 있다. 그래서 스마트폰 사용에는 명확한 규칙과 책임감 있는 절제력이 필요하다.

아이가 이 미끄러운 경사길을 경험하지 않도록 우리 가족은 집에서 다음과 같은 일관된 규칙을 적용해 왔다.

보상이 아니라 일상 루틴으로 영상 보여주기

우리 집은 첫째에게 6년째, 둘째에게 4년째 토요일 '영상 데이'를 허락한다. 매주 토요일 오전, 아이들은 직접 고른 15분 내외의 영상 두 편을 각각 시청한다. 일요일에는 가끔 '무비 데이'를 열어 가족이 함께 전체 관람가 영화를 보고 이야기를 나눈다.

많은 가정에서 영상이나 게임은 공부나 행동에 대한 보상으로 허용한다. 그러나 아이에게도 기본적인 욕구는 존재한다. 그 욕구를 무조건 억누르면 청소년기에 더 큰 형태로 분출될 가능성이 높다. 실제로 게임을 전면 금지당했던 아이가 부모 몰래 게임에 빠졌다가 정작 공부에 몰두해야 할 시기에 게임 중독으로 어려움을 겪는 사례도 주변에서 종종 본다.

아이들이 영상을 보고 싶어 하는 마음 자체는 존중해 줄 필요가 있다. 다만 조건부 보상이 아니라 정해진 요일과 정해진 시간에만 허용되는 일상 루틴으로 만드는 것이 중요하다. 이때 시청 시간은 최대 2시간을 넘기지 않도록 하고, 아이와 충분한 대화를 통해 합의된 규칙을 세워야 한다.

스마트폰 언제 사주는 것이 좋을까?

첫째가 초등학교에 입학할 즈음 우리는 집에 유선 전화를 설치했다. 아이에게 스마트폰을 사주지 않기 위한 대안이었다.

첫째는 정규 수업 후 방과후 프로그램과 태권도장을 거쳐 귀가했다. 일상이 비교적 규칙적이었기에 스마트폰이 꼭 필요하다고 보지 않았다. 집에 도착하면 반드시 집 전화로 부모에게 전화를 걸어 귀가를 알리도록 규칙을 정했다. 친구와 놀고 싶을 때도 집에서 가방을 정리한 뒤 전화로 허락을 구하게 했다. 그 결과 초3이 된 지금까지도 첫째는 스마트폰이 없다.

나는 아이에게 스마트폰을 너무 이른 시기에 쥐여줌으로써 발생할 수 있는 갈등을 최대한 피하고 싶었다. 학교에서 급히 연락할 일이 생기면 교내에 설치된 전화로 수신자 부담 전화를 걸 수 있다는 점을 알려주었다.

둘째 역시 마찬가지다. 방과후 프로그램과 돌봄 교실을 적극 활용해 하교 후 바로 이동하는 일정으로, 스마트폰이 없어도 되는 환경을 의도적으로 만들었다.

물론 가정마다 상황은 다르다. 여건상 스마트폰을 사줄 수밖에 없다면, 키즈폰이나 공신폰처럼 기능이 제한된 기기를 선택하는 것도 하나의 방법이다. 단순히 위치 확인만 필요하다면 위치 추적 태그를 활용하는 것도 대안이 될 수 있다.

• 스마트폰을 사주기 전 사용 규칙 먼저 정하기

-하루 30분만 자유롭게 사용하기
-연령에 맞는 영상만 보기
-밤 9시 이후에는 핸드폰을 거실에 두기
-공부할 때는 핸드폰 보지 않기

참고 : EBS 특집 다큐 _〈게임의 법칙 1부 – 우리 아이 게임 통제력의 비밀〉

• 채팅, SNS 앱 다운로드는 신중하게 결정하기
소통의 편의성 때문에, 혹은 아이가 원한다는 이유로 채팅이나 SNS 앱을 허용하는 경우가 있다. 이 부분만큼은 스마트폰 사용 중에서도 가장 신중하게 접근해야 할 영역이다. 채팅·SNS 공간에서는 친구 간 갈등이 쉽게 증폭되고, 사이버 학교폭력으로 이어지는 사례가 적지 않다.
특히 단체 채팅방, 이른바 '그룹 톡'에서는 험담이나 배제, 따돌림이 일어나기 쉽다. 실제로 이러한 문제로 학교가 중재에 나서거나, 담임교사와 상담이 이어지는 경우도 점점 늘고 있다. 채팅 메신저·SNS 다운로드와 가입은 충분히 고민한 뒤 결정하는 것이 바람직하다.
이러한 우려는 특정 가정이나 학교만의 문제가 아니다. 실제로 호주는 2025년 12월 10일부터 세계 최초로 16세 미만 청소년의 SNS 이용을 제한하는 법을 시행했다. 이 법에 따라 페이스북, 인스타그램, 틱톡, 스냅챗, X, 레딧 등 주요 SNS 플랫폼은 미성년자의 계정 생성과 로그인을 차단해야 한다. 한 나라가 이처럼 강력한 규제에 나섰다는 사실은, 청소년에게 SNS가 주는 이점보다 위험과 부작용이 더 크다고 판단했기 때문일 것이다.

놀이로 기르는
학습 능력

"아이들에게 놀이는 진지한 배움이다"

_프레드 로저스

나는 어릴 때 보드게임을 거의 해본 적이 없다. 게임을 하더라도 즐기는 과정보다는 상을 받거나 이기는 결과에만 집중했다. 이기기 어렵다고 느껴지면 아예 시도조차 하지 않는 아이였다. 그러다 어느 순간, 그것이 나의 약점이라는 사실을 깨달았다. 삶의 경쟁에서 늘 이길 수는 없다. 때로는 실패하고, 좌절도 겪는다. 중요한 것은 실패 그 자체가 아니라 실패를 통해 무엇을 배우느냐는 점이다. 그런 경험이 부족했던 나는 내 아이들만큼은 다양한 실패를 충분히 겪어보길 바랐다. 지더라도 괜찮고, 지는 경험이 꼭 나쁜 것만은 아니라는 사실을 자연스럽게 알게 해주고 싶었다. 어른이 되어 보드게임을 해보니, 그 안에는 생각보다 배울 점이 많았다.

보드게임의 유익함

보드게임은 혼자가 아닌 여러 명이 참여하는 놀이다. 차례를 기다리고 규칙을 익히며, 더 좋은 결과를 얻기 위해 규칙을 지혜롭게 활용하는 과정에서 준법 의식이 형성된다. 때로는 협력하고, 때로는 경쟁하면서 리더십과 배려, 원활한 소통 방식도 몸으로 익히게 된다.

무엇보다 보드게임은 놀이이면서도 인성·정서·사고력을 함께 기를 수 있는 드문 활동이다. '즐겁다'라는 본질을 해치지 않으면서도 교육적 효과를 동시에 얻을 수 있다는 점에서 만족도가 높다.[*]

1. 가족이 함께 보내는 따뜻한 시간

가족이 함께 시간을 보내는 데 보드게임만 한 놀이도 드물다. 한 판에 30분 이상 집중해 즐길 수 있고, 그 과정에서 자연스럽게 대화가 오가며 가족 간의 정서적 유대가 단단해진다.

2. 수리 능력 향상

5~7세 아이에게 매일 연산 문제를 풀게 하는 것은 쉽지 않다. 그러나 보드게임을 하면 아이들은 자연스럽게 점수를 더하고 비교하고 계산한다. 점수를 잊지 않기 위해 메모지를 가져와 직접 기록하

---

[*] 김현정, "보드게임 놀이터에서 인성을 PLAY하라!", 교육플러스, 2024.06.26, https://www.edpl.co.kr/news/articleView.html?idxno=13320

기도 한다. '공부한다'라는 인식 없이 수리 감각이 자연스럽게 강화되는 순간이다.

3. 집중력 향상

유아의 평균 집중 시간은 5세 약 15분, 6세 20분, 7세 25분 정도로 매우 짧다. 하지만 흥미로운 보드게임 앞에서 아이들의 집중력은 그보다 훨씬 오래 유지된다.

4. 사회성 발달

코로나 시기를 거치며 아이들의 사회성에 대한 우려가 커졌다. 언어 발달과 소통 능력에서 어려움을 보이는 경우도 적지 않다. 실제로 한 국내 연구에 따르면 발달 지연이 의심되는 유아 100명 중 82%가 언어 영역에서, 77%가 개인·사회성 영역에서 발달이 느린 것으로 나타났다.

학교 현장에서도 저학년 시절 코로나를 경험한 아이들 가운데 규칙을 지키거나 타인을 배려하는 데 어려움을 보이는 사례가 늘고 있다. 보드게임은 이러한 사회성을 기르는 훌륭한 연습장이 된다. 두 명 이상이 게임을 하다 보면 순서를 정하고, 규칙을 이해하고, 의견 차이를 조율하는 과정이 반복된다. 이 과정에서 상대를 배려하며 말하는 법을 자연스럽게 익힌다.

5. 메타인지 향상

어릴 때일수록 '지는 경험'을 충분히 해보는 것이 중요하다. 왜 졌는지, 어떤 전략을 썼는지, 다음에는 어떻게 하면 좋을지 돌아보는 과정에서 메타인지가 자란다. 보드게임만큼 메타인지 발달에 효과적인 놀이는 흔치 않다.

보드게임은 단순한 놀이를 넘어 공부 습관의 기초 체력을 길러주는 활동이다. 놀이를 통해 기른 능력은 책상 학습으로 자연스럽게 확장된다.

집중력 유지 경험

재미있는 게임으로 20~30분 몰입해 본 경험이 이후 문제집을 풀 때도 '집중을 유지했던 기억'을 불러온다.

승패 경험

게임에서 지고 다시 도전한 경험이 어려운 문제를 만났을 때 쉽게 포기하지 않는 힘으로 이어진다.

규칙 이해

게임 규칙을 지키고 순서를 기다렸던 경험이 학교 수업 시간 태도와 규칙 준수로 이어진다.

결국 보드게임은 아이가 의식하지 못하는 사이에 집중력, 감정 조절, 규칙 준수, 자기 조절력 같은 공부 습관의 핵심 요소를 길러주는 가장 자연스럽고 효과적인 사전 학습이라고 할 수 있다.

자녀 교육 Point

• 보드게임 체험

보드게임이 비치된 도서관이나 육아종합지원센터를 찾아 아이와 함께 플레이해 보자. 보드게임방을 활용하는 것도 좋은 방법이다. 여러 게임을 해보면 아이가 특별히 즐거워하는 유형이 자연스럽게 드러난다.

• 보드게임 구매

구매 전에 게임 사진을 보여주고 규칙을 간단히 설명하며 아이가 흥미를 보이는지 확인해 보자. 게임을 구매했더라도 아이가 기대만큼 즐기지 않거나 금세 흥미를 잃을 수 있다. 이 때 억지로 하게 만들기보다는 한발 물러나는 태도가 필요하다. 아이의 관심사는 성장 단계에 따라 달라지고, 지금은 지나쳤던 게임이 시간이 지난 뒤 다시 흥미롭게 다가오는 경우도 많다. 보드게임 가격이 부담된다면 어린이날, 생일, 크리스마스 같은 특별한 날 선물로 주는 것도 추천한다.

추천 게임 리스트

연령대	게임명	유형(단독/협력/전략)	특징
5세	도블	관찰·순발력 / 경쟁	같은 그림을 빨리 찾는 게임으로 관찰력과 순발력을 키운다.
	메모리 게임	기억력 / 경쟁·협력	이미지 기억력이 뛰어난 5세에게 딱 맞다. 이 연령의 아이들은 단기적으로 그림이나 색깔, 구체적인 형태를 잘 떠올린다. 아이의 승률도 높아 자신감이 붙는다. 좋아할 만한 캐릭터로 만들어진 메모리 게임도 많으니, 취향에 따라 골라보자.
	개구리 사탕 먹기	순발력 / 경쟁	4세도 가능하다. 버튼을 눌러 개구리가 알을 먹는 단순한 게임으로 가장 많은 사탕을 먹은 사람이 이기는 게임이다. 순발력·집중력·끈기를 동시에 키울 수 있다. 개구리알을 세면서 숫자 세는 연습도 할 수 있다.
	펭귄 얼음 깨기	소근육 / 경쟁	4세도 가능하다. 얼음을 깨는 단순한 활동을 통해 소근육 발달에 도움이 된다. 이기고 지는 연습을 아주 어릴 때부터 할 수 있다.
	서펜티나	구성·색 구분 / 경쟁	머리-몸통-꼬리 카드를 이어서 뱀을 많이 만들어내는 사람이 이기는 게임이다. 색깔을 잘 구분하는 아이라면 쉽게 도전할 수 있는 게임으로 5세도 충분히 시도해 볼만하다. 구성 능력과 색 구별 능력이 자연스럽게 발달한다.

연령대	게임명	유형(단독/협력/전략)	특징
6세	빨간 모자 퍼즐	사고력 / 단독·협력	아기자기한 걸 좋아하는 아이에게 적합하며, 혼자 또는 함께 즐기기 좋다. 집중력과 사고력을 키울 수 있다.
	노아의 방주 (마그네틱)	논리 퍼즐 / 단독	크기가 작아 여행·외출 시 들고 다니기 좋다. 1인용 보드게임으로 나이별로 다양한 난이도의 시리즈물이 있다.
	할리갈리 컵스	관찰·순발력 / 경쟁	카드가 나오면 그 카드와 똑같은 색깔이 있는 작은 컵을 순서대로 배치하는 게임이다. 먼저 배치를 끝낸 사람이 종을 울리면 해당 카드를 가져갈 수 있다. 소근육, 집중력, 관찰력, 공간 지각력, 순발력 향상에 도움이 된다.
7세	부루마블	전략·경제 / 협력·경쟁	세 명 이상 가족 단위로 즐기기 좋다. 돈 계산과 경제 개념을 자연스럽게 익힌다. 어린이용 부루마블도 있다.
	할리갈리	연산·순발력 / 경쟁	6~7세 이상에게 적합하다. 카드를 한 장씩 뒤집어 같은 과일이 5개가 되면 종을 울리는 게임이다. 순발력과 연산 능력이 동시에 요구된다.

연령대	게임명	유형(단독/협력/전략)	특징
8세 이상	커피 러시	역할놀이·조립 / 협력·경쟁	게임에 참여하는 사람이 카페 직원이 되어 메뉴를 만들어내는 게임이다. 아기자기한 카페 소품 덕에 아이들이 좋아한다.
	카탄	전략·교역 / 경쟁	길을 닦고 마을을 넓혀가는 과정에서 자원을 구해야 한다. 자원을 획득하기 위해 때로는 협상 기술이 필요하다. 운이 따르는 요소도 있어 부담 없이 즐길 수 있다.
	스플렌더	전략·계획 / 경쟁	보석을 모아 카드를 구매하는 전략 게임. 필요한 보석을 찾고 그것을 얻기 위한 계획을 세우고 실행하는 스토리로 구성된다. 재미와 두뇌 계발 두 마리 토끼를 잡을 수 있다. 성별에 상관없이 좋아한다.

공부 정서:
평생 가는 학습 태도

"아이는 자발적으로 성장한다.
어른은 그 성장을 방해하지 않도록 주의해야 한다"

_마리아 몬테소리

그동안 교사로 일하며 1,000명이 넘는 아이들을 만나면서 한 가지 분명하게 깨달은 사실이 있다. 공부를 지루해하거나 싫어하고, 때로는 일찌감치 포기해 버리는 아이가 생각보다 많다는 점이다. 어떤 아이는 '공부'라는 말만 들어도 고개를 절레절레 흔들며 진저리를 친다. 아주 어린 시절부터 선행 학습에 내몰리듯 달려온 탓에, 정작 공부에 가장 집중해야 할 중·고등학교 시기에 이미 지쳐버린 것이다.

반대로, 공부하고 싶은 마음은 분명히 있지만 어떻게 공부해야 하는지 몰라 헤매는 아이도 있다. 늘 사교육의 리듬에 맞춰 배우기만 했고, 스스로 공부해 본 경험이 부족한 아이들은 혼자 공부해야 하는 상황이 오면 무엇을 어떻게 해야 할지 감을 잡지 못한다. 학습 결손이 누적되면서 자신감을 잃고, "나는 공부로는 안 될 것 같아요"라며 의기소침해지는 아이를 만날 때면 마음이 무거워진다.

공부 정서 지키기

공부 정서란, 아이가 공부를 대하는 마음의 표정이다. 어느 부모나 내 아이만큼은 공부를 미워하지 않기를 바란다. 어떻게 해야 가능할까?

답은 의외로 단순하다. 아이들이 공부를 싫어하게 되는 과정을 거꾸로 실천하면 된다. 무엇보다 중요한 것은 배움의 즐거움을 열어주는 일이다. 문제를 깊이 고민하다가 겨우 풀어냈다면, 정답 여부와 상관없이 그 과정 자체를 충분히 인정하고 칭찬해 주어야 한다. 또한 아이가 스스로 공부해 나갈 수 있도록 곁에서 섬세한 안내자가 되어줄 필요도 있다.

너무 어린 시기부터 사교육에 과도하게 노출되면 아이들은 '배우는 일은 누군가 시켜서 하는 것'이라고 인식하기 쉽다. 학교에서도 배우고, 학원에서도 배우지만 배운 것을 자기 것으로 만드는 정리의 시간은 늘 부족하다. 결국 인풋은 넘치고, 아웃풋은 없는 상태에 빠지게 된다.

캐나다의 인지 심리학자 콜린 M 맥레오드 Colin M. MacLeod 교수는 '특히 중요한 정보에 초점을 맞추고 싶을 때 소리 내어 읽는 것이 가장 효과적인 방법'이라고 말한다. "중요한 정보를 소리 내어 읽으며 공부하면 나중에 더 잘 기억할 수 있다. 해당 정보가 기억에 더 뚜렷

이 각인되기 때문에 그런 '생산 효과'가 나온다. 소리 내어 읽지 않은 다른 정보와 구별되기 때문이다"라고 설명한다. 즉, 주어진 답을 대충 읽고 마는 것보다 스스로 소리내 말해보고 직접 글로 정리하는 것, 친구나 부모에게 적극적으로 설명해 보는 것과 같은 능동적 산출 활동이 학습 효과를 극대화한다는 것이다.*

예를 들어, 배운 단어를 아이 스스로 문장으로 만들어 보게 하면 기억이 오래간다. 덧셈 원리를 배운 뒤 아이가 직접 문제를 두세 개 만들어 보게 하면 이해가 깊어진다. 오늘 배운 내용을 부모에게 한 문장으로 설명해 보게 하는 것만으로도 학습은 정리된다.

뇌는 정보를 받아들이는 데서 그치지 않고, 스스로 만들어낼 때 더 활발하게 작동한다. 아이가 공부한 내용을 말하고, 쓰고, 설명하는 경험은 읽고 듣는 것 이상의 효과를 낳는다.

아이에게는 반드시 배운 것을 곱씹고, 생각을 정리하고, 스스로 해결해 보는 시간이 필요하다. 누군가의 손에 이끌려야만 앞으로 나아가는 수동적 학습자가 아니라, 자신의 속도와 방식으로 배움을 익혀가는 능동적 학습자가 되어야 한다. 스스로 교재를 선택하고, 공부의 양을 정하고, 문제를 풀어가는 과정에서 공부에 재미를 느낄 수 있도록 믿고 응원해 주는 것이 부모의 역할이다.

---

* 카스탈리아 메드라노, "공부 잘하려면 책을 소리 내어 읽어라", 이코노미스트, 2017.12.25, https://economist.co.kr/article/view/ecn201712250013

아이가 긍정적인 공부 정서를 갖기 위해 부모가 반드시 학창 시절 공부를 잘했을 필요는 없다. 대신 자신의 학습 경험을 차분히 돌아보는 과정이 필요하다. 자신의 경험을 돌아볼수록, 아이에게 무엇을 반복시키지 말아야 할지, 무엇을 지켜주어야 할지가 분명해진다. 다음 질문을 읽고 학창 시절을 떠올려 보자.

- 나는 무엇을 잘했을까?

계획을 세워 공부했던 경험, 공부를 '내가 해야 할 일'로 받아들이고 주도적으로 실천했던 태도, 사교육에 의존하지 않고 모르는 것이 생기면 학교 선생님이나 친구에게 물어보며 해결해 나갔던 기억들.

- 어떤 점이 아쉬웠을까?

공부의 과정보다는 결과에 집착했던 순간들, 잘해야 한다는 압박감 속에서 경쟁심을 동력 삼아 공부했던 시간, 일상의 여유 속에서 다양한 분야의 책을 충분히 읽지 못한 점들.

- 무엇이 가장 힘들었을까?

공부하면서 혼자 외롭게 버텨야 했던 시간들, 공부 방법을 몰라 느꼈던 막막함, 이해보다는 암기를 앞세웠던 잘못된 학습 습관.

위의 질문에 솔직하게 답할 수 있을 때, 부모는 아이에게 훌륭한 공부 조력자가 된다. 일과 살림, 육아로 매일 아이의 공부를 세세히 챙기기 어렵다면 사교육을 활용하더라도 괜찮다. 다만 아이가 힘들어하지는 않는지, 수업 내용을 이해하고 있는지는 부드러운 말투로 가볍게 물어보자. 그 정도의 관심만으로도 부모의 역할은 충분하다.

부모의 역할이 버겁게 느껴질 때도 있다. 하지만 아이의 감정과 노력을 인정하고, 아주 작은 변화와 발전에도 응원하는 것만으로도 아이의 공부 정서는 건강하게 자라난다.

아이에게 공부가 '힘든 시간'이 아니라 '괜찮은 기억', 나아가 '좋은 기억'으로 남도록 지켜주는 것, 그것이 부모가 해줄 수 있는 가장 중요한 역할이다.

공부 정서는 어릴 때 형성되지만, 한 번 길러지면 평생 아이의 학습 태도를 지탱하는 근육이 된다.

자녀 교육 Point

- **"무엇을 배웠어?"보다 "어떤 기분이 들었어?"**
책을 읽거나 워크북을 풀고 나서 내용보다 아이의 감정을 먼저 물어본다.

- **결과보다 과정을 칭찬하기**
"틀려도 끝까지 해냈네!", "혼자 다시 해보겠다고 해서 멋졌어"라는 과정 중심의 말이 아이의 공부 정서를 건강하게 만든다.

우리 아이 공부 정서 점검표

1. 호기심과 흥미
• 새로운 책이나 워크북을 보면 먼저 펼쳐보거나 "이게 뭐예요?"라고 질문한다. ( )
• 공룡, 공주, 탈것 등 좋아하는 주제에 대해 알고 싶어 하며 궁금한 것을 주저 없이 묻는다. ( )

2. 감정과 반응
• 책을 읽거나 공부할 때 즐거운 표정을 짓거나 "재밌어!"라고 말하는 등 긍정적 감정을 표현한다. ( )
• 문제를 틀려도 쉽게 포기하지 않고 다시 도전하려는 모습을 보인다. ( )

3. 자기 주도성
• "나 혼자 해볼래요!"라고 말하며 스스로 해보려는 의지를 보인다. ( )
• 정해진 분량을 마친 뒤에도 더 하고 싶어 한 적이 있다. ( )

4. 부모와의 상호작용
• 책을 읽어주거나 워크북을 펼쳐보자고 하면 기대하는 표정을 짓는다. ( )
• 칭찬이나 격려에 긍정적으로 반응하며 자신감을 보인다. ( )

| 결과 해석 |

• 7~8개: 공부에 매우 긍정적인 정서를 가지고 있다. 지금의 환경과 방식, 관계를 잘 유지한다.
• 4~6개: 기본적인 흥미는 있으나 정서적 안정과 공감, 즐거운 경험이 조금 더 필요하다.
• 3개 이하: 공부가 어렵고 부담스럽게 느껴질 가능성이 있다. 학습보다 먼저 '즐거운 경험'을 충분히 만들어주자.

PART 2

자립하는 아이

"

돈을 관리하는 연습은 결국,
자기 삶을 돌보는 연습이다

"

4장

어릴 때부터 시작하는 돈 교육

아이의 삶을 지켜주는
첫 경제 습관

주말 간식 1,500원으로
시작하는 경제 교육

"만족할 줄 모르는 사람에게는 그 어떤 것도 충분하지 않다"

_에피쿠로스

마트에서 장을 보며 아이들을 위해 여러 종류의 간식을 사 오면 세 아이 중 한 명은 꼭 이렇게 말하곤 했다.

"내가 좋아하는 건 하나도 없어. 다 맛없는 것뿐이야."

고심해서 고른 간식이 마음에 들지 않는다고 하면 서운함이 앞섰다. 작은 것에도 만족하지 못하고, 무엇보다 애써 사 온 사람에게 감사하는 마음이 부족해 보였다. 이런 일이 반복되자 어떻게 하면 아이들이 작은 것에도 만족하고, 감사하는 마음을 갖게 될지 고민이 생겼다. 혹시 돈의 가치를 안다면 달라질 수 있을까? 과자를 본인이 고른다면 가장 만족스러운 선택을 할 수 있을까?

가족 문화: 주말 간식 고르기

그래서 우리 집에는 '주말 간식'이라는 소소한 가족 문화가 생겼다. 토요일 오전, 부모 중 한 명이 아이들과 동네 마트에 간다. 초등학교 1학년 이상 아이는 일주일 용돈 안에서 간식을 고르고(용돈에 관한 내용은 다음 장에서 다룬다), 유치원생은 1,500원 한도로 간식을 고른다.

3년 넘게 이 방식을 실천하며 깨달은 사실이 있다. 작은 경제 교육 일지라도 반복되면 아이의 태도가 분명히 바뀐다는 점이다.

주말 간식이 주는 세 가지 경제 교육 효과

1. 선택의 힘을 배우는 시간

1,500원 안에서 간식을 고르는 일은 생각보다 쉽지 않다. 과자 한 봉지도 1,500원 이하인 것이 그리 많지 않기 때문이다(규칙은 하나만 사야 하는 것이 아니다. 여러 개를 고르더라도 합계가 1,500원을 넘지 않으면 가능하다).

"엄마, 이건 얼마예요?"

"왜 이건 못 사는 거예요?"

"(계산대에 도착했는데 갑자기) 다른 거 사고 싶어졌어요."

과자 하나를 고르는 데도 가격, 양, 만족도를 모두 고려해야 한다. 아이는 자연스럽게 무엇을 포기하고 무엇을 선택할지 고민한다. 바로 이 과정이 경제 교육의 핵심이다.

어느 날 둘째는 어렵게 고른 과자를 뜯자마자 이렇게 말했다.

"엄마, 이거 맛이 없어요. 아까 봤던 새우과자 살 걸 그랬어요. 다음엔 이거 절대 안 사야지."

이 '실패의 경험'이 중요하다. 선택에는 반드시 결과가 따른다는 사실을 아이는 몸으로 배운다. 행동경제학에서도 이러한 작은 실패 경험이 이후의 선택 기준을 선명하게 만들어 소비 판단력을 키운다고 말한다.

2. 인내와 절제의 기술

아이들은 종종 이렇게 묻는다.

"엄마 왜 꼭 1,500원만 돼요? 고깔 과자 큰 봉지를 사고 싶어요."

내 대답은 늘 같다.

"주말만큼은 네가 좋아하는 간식을 직접 고를 기회를 주고 싶어서야. 1,500원이 큰돈은 아니지만 그 안에서 잘 고민해 보자. 오늘은 뭐 먹고 싶어?"

돈의 크기를 '제한'이 아니라 '선택의 기준'으로 받아들이게 하는 것이 목표다. 막내가 네 살이었을 때는 숫자를 모두 읽지 못했기에 이렇게 설명했다.

"결아, 숫자 1로 시작하는 것만 살 수 있어."

아이는 가격표를 유심히 보며 질문을 쏟아냈다.

"엄마, 이건 돼요?"

"이거는 1,500원보다 비싸요, 안 비싸요?"

"이거랑 이거 두 개 사도 괜찮아요?"

그럴 때마다 차분히 설명했다.

"이건 1로 시작하지만 옆에 9가 붙어 있어서 너무 비싸. 1로 시작하고 옆 숫자가 5인 것까지만 가능해. 다시 골라볼까?"

네 살 아이도 충분히 돈의 개념을 이해할 수 있다. 중요한 것은 아이 눈높이에 맞춘 설명과 반복이다.

3. 주도성과 책임감을 키우는 선택 경험

주말 간식 고르기는 단순히 간식을 사는 시간이 아니다. 아이가 스스로 선택하고, 선택의 결과를 받아들이는 연습이다. 마트에서 아이들의 표정이 가장 진지해지는 순간도 바로 이때다. 어떤 과자를 골라야 그날의 '행복'이 극대화될지 깊이 고민한다. 이 작은 경험이 훗날의 소비 습관, 돈을 대하는 태도, 감정 조절, 그리고 선택에 대한 책임감으로 자연스럽게 이어진다.

자녀 교육 Point

• 고르는 시간 존중하기
아이에게 '선택'은 생각보다 훨씬 어려운 일이다. 간식 하나를 고르는 일조차 쉽게 결정하지 못한다. 시간이 오래 걸리더라도 재촉하지 말고, 끝까지 기다려주자. 작은 실패 경험이 쌓여야 이후의 더 중요한 선택도 스스로 해낼 수 있다. 참고로 우리 집 셋째는 마트에서 간식 하나를 고르는 데 30분이 걸린 적도 있다.

• 고른 간식을 마음 편히 먹을 시간 주기
우리 집 아이들은 주말에 스스로 고른 간식을 영상과 함께 즐긴다. 이 시간은 단순한 휴식이 아니라, '내가 선택한 소비의 결과를 온전히 경험하는 과정'이다. 만족도 역시 아이가 직접 느끼게 해주자. 선택과 결과가 자연스럽게 연결될 때 경제 감각도 함께 자란다.

경제 교육의 첫 단추: 용돈

"작은 지출을 조심하라. 작은 구멍이 큰 배를 가라앉힌다"

_벤저민 프랭클린

도덕 수업 시간, 자기관리 단원을 가르치던 중 아이들에게 질문을 던졌다.

"부모님으로부터 정기적으로 용돈을 받는 학생 있나요?"

30명 가까운 아이 중 10명이 손을 들었다. 나는 다시 질문했다.

"이 중에서 '진짜 용돈'을 받는 사람 있나요? 부족하다고 해도 부모님이 추가로 주지 않고, 정해진 금액으로만 일정 기간을 지내야 하는 경우를 말합니다."

손을 들고 있던 아이들이 우르르 손을 내렸다. 간식비나 버스비를 용돈처럼 쓰긴 하지만 부족하면 언제든 부모가 채워주는 구조였다. 반면 끝까지 손을 든 세 명은 "추가 지급은 절대 없다"라고 말했다. 평소 정해진 용돈 안에서 써야 할 돈을 쓰고, 남은 돈은 자유롭게 쓴다고 했다. 말 그대로 '용돈다운 용돈'을 받는 아이들이었다.

수업이 끝날 무렵, 나는 아이들에게 집에 가서 부모님과 용돈 이야기를 꼭 한번 나눠보라고 당부했다. 용돈은 단순한 금전 지원이 아니라 재정 관리 능력을 기르는 첫 번째 시스템이기 때문이다.

용돈이 중요한 이유

그날의 질문은 오래도록 기억에 남았다. 용돈을 받는다고 말하지만, 실제로는 대부분 용돈을 관리해 본 경험이 없다.

"용돈이 뭐 그리 중요할까?"라는 생각이 들 수도 있다. 하지만 어릴 때부터 적은 금액이라도 스스로 계획하고 사용해 본 경험은, 성인이 되었을 때 큰돈을 다루는 태도로 자연스럽게 이어진다.

OECD는 「청소년을 위한 금융 교육Financial Education for Youth」 보고서(2014)를 통해, 금융 교육이 금융 지식뿐 아니라 실제 금융 행동 능력을 높여 장기 재정 의사결정에 긍정적 영향을 미친다고 분석했다. 이는 예산 수립 능력, 저축 습관, 소비 조절, 신용카드 사용 태도 등 일상적인 금융 행동 전반으로 이어지며, 결과적으로 금융 리터러시(financial literacy, 금융을 이해하고 잘 활용할 수 있는 능력) 향상으로 연결된다.

즉, 작은 돈을 다뤄본 경험이 큰돈을 다루는 태도를 만든다는 뜻이다.

나는 첫째에게 여덟 살부터 용돈을 주기 시작했다. 초4를 앞둔 지금도 주 단위 용돈을 주고 있다. 아이는 스스로 지출 계획을 세우고 현명하게 돈을 쓰는 연습을 하고 있다. 언니를 보며 용돈 받을 날을 손꼽아 기다렸던 둘째에게는 초등 입학을 하는 해 1월부터 주말 간식비 대신 용돈을 주기 시작했다.

우리 집 다섯 가지 용돈 규칙

1. 나이에 따라 주 단위 용돈 지급: 매주 토요일 오전

Ⓦ 우리 집 용돈 규칙 1

연령별 용돈(주 단위)

연령(세는 나이)	금액
4~7세	0원(주말 간식으로 대체)
8세	1,500원(현금 용돈 시작)
9세	2,000원
10세	3,000원
11세	4,000원
12세	5,000원
13세	6,000원

2. 무조건 '현금'으로

요즘 아이들은 지폐와 동전을 실제로 만져볼 기회가 거의 없다. 돈의 존재는 알지만, 실물 경험은 부족하다. 성인조차 월급이 계좌 숫자나 포인트처럼 느껴질 때가 있다. 그래서 우리 집은 용돈을 현금으로 지급하는 것을 원칙으로 한다. 일부러 마트에서 현금 결제를 하고 잔돈을 챙기거나, 은행 ATM에 들른다. 아이들이 직접 돈을 세어 보고, 나누어 보고, 줄어드는 것을 눈으로 확인해야 돈의 감각이 생긴다고 믿는다. 번거롭지만, 이런 실물 경험이야말로 돈 감각의 기초 체력이다.

3. 주 단위로 시작해 월 단위로 확장

아이에게 갑자기 한 달 치 용돈을 주면 어떻게 될까? 경제적 경험이 거의 없는 아이가 계획적으로 쓰기는 어렵다. 특히 초등학교 저학년까지는 주 단위 지급이 훨씬 효과적이다. 짧은 주기로 자주 연습할수록 실패를 통해 배우는 속도가 빠르다. 우리 집은 초등 저학년 때 주 1회 지급으로 시작해, 점차 월 2회로 주기를 늘린 뒤 고학년이 되면 월 단위 지급을 목표로 하고 있다.

4. 용돈에는 '고정 지출'을 포함하지 않는다

용돈에 학용품, 교통비, 저축까지 모두 포함해 넉넉히 주는 가정도 있다. 하지만 이렇게 되면 아이는 돈의 한계를 체감하기 어렵다. 부모가 항상 여유 있게 보충해 준 경험이 쌓일수록, 아이는 '부족하

면 채워진다'라는 인식을 갖기 쉽다. 이런 경우 중·고등학교에 가서도 소비 조절에 어려움을 겪는다.

나는 순수하게 아이가 자율적으로 쓸 수 있는 최소한의 금액만 용돈으로 줄 것을 권한다. 아이는 스스로 선택할 수 있는 '자기 돈'을 가져야 책임 의식이 생긴다. 학용품이나 교통비처럼 필수 지출이 발생할 때는 부모가 그 비용만 별도로 지원하는 방식이 가장 안정적이다.

5. 꾸짖기보다 대화로 가르치기

매주 용돈을 어떻게 썼는지 자연스럽게 묻는다. 만약 인형 뽑기에 8,000원을 쓰거나, 친구에게 간식을 사주겠다며 모아 둔 10,000원을 한 번에 써버렸다면 어떻게 해야 할까?

이때 중요한 것은 혼내는 것이 아니라 소비의 결과를 함께 되짚는 대화다. 예를 들어, 이렇게 말할 수 있다.

"뽑기는 운이 크게 작용해서, 돈을 많이 써도 원하는 것을 못 얻을 때가 많아. 그래서 한 번에 많이 쓰면 나중에 정말 사고 싶은 걸 못 살 수도 있어."

"친구에게 사주는 마음은 좋지만, 용돈을 한꺼번에 써버리면 정작 네가 필요할 때는 쓸 돈이 없을 수 있어. 그래서 '내 몫'을 먼저 지키고 그다음에 베푸는 게 현명한 방법이야."

용돈 교육의 핵심은 통제가 아니라 해석이다. 아이 스스로 자신의 소비를 돌아보고, 다음 선택을 다르게 해볼 수 있도록 돕는 것, 용돈 제도가 주는 가장 큰 교육적 가치다.

자녀 교육 Point

• 첫 용돈의 시작은 '지갑 마련'부터

초등 저학년까지는 동전 지갑이 적당하다. 아이와 함께 문구점에 가서 마음에 드는 캐릭터 동전 지갑을 직접 고르게 한 뒤, 그 지갑을 계기로 자연스럽게 용돈 이야기를 시작해 보자. '내 돈을 담는 공간'이 생기는 순간, 용돈은 비로소 아이의 것이 된다.

• 저금통은 가볍게, 부담 없이

처음부터 '저축'을 목표로 삼아 강요할 필요는 없다. 돼지 저금통처럼 무겁게 느껴지는 형태보다는 작은 상자나 통처럼 아이가 편하게 여닫을 수 있는 것이 좋다. 당장 쓰지 않을 돈을 잠시 넣어두는 곳이라는 정도의 인식이면 충분하다. 저축은 습관이 쌓인 뒤 자연스럽게 따라온다.

명절 용돈은
누가 관리할까?

"세상의 어려운 일은 쉬운 데서 시작되고,
세상의 큰일은 작은 데서 비롯된다"

_노자

명절은 아이들이 친척들에게 용돈을 받을 특별한 기회가 되기도 한다. 아이가 돈의 가치를 조금씩 이해하기 시작하면 부모는 '이 돈을 온전히 아이에게 줘도 될까?', '아직 어려서 잘못 쓰지 않을까?'와 같은 고민에 빠진다.

나 역시 첫째를 키울 때 이런 고민을 했다.

첫째에게서 시작된 시행착오

첫째가 아주 어렸을 때는 '관리해 준다'라는 이유로 명절 용돈을 내 지갑에 넣어두었다가 일부는 은행에 입금하고, 시간이 지나 출처가 희미해지면 생활비에 보태 쓰기도 했다.

그러던 어느 날, 돈 개념이 생긴 첫째가 이렇게 말했다.

"엄마 이건 할아버지가 나 오랜만에 봤다고 주신 용돈이잖아요. 그런데 왜 엄마가 가져가요? 내가 받은 거니까 학용품이나 간식 살 때 쓰고 싶어요. 돌려주세요."

순간 '어쩜 이렇게 당돌할까?' 싶었지만, 곰곰이 생각해 보니 아이의 마음이 충분히 이해됐다. 아이는 이미 돈이 무엇인지, 왜 갖고 싶은지를 알고 있었다. 그날 이후로 나는 친척에게 받은 용돈을 아이에게 그대로 건네기 시작했다.

그런데 또 다른 고민이 생겼다. 초등학교 입학을 앞두고 받은 '10만~20만 원 같은 비교적 큰 금액을 그대로 아이에게 맡겨도 괜찮을까?' 아직 돈의 크기를 온전히 가늠하기 어려운 나이였다.

명절 용돈, 지급 비율을 정하다

고민 끝에 내린 결론은 용돈처럼 '지급 비율'을 단계적으로 늘리는
것이었다.

우리 집 용돈 규칙 2

명절 용돈 지급

연령(세는 나이)	지급 비율
4~8세	10%
9세	20%
10세	30%
11세	40%
12세	50%
13세	60%
14세 이상	100%

용돈과 마찬가지로 아이에게는 적은 돈을 직접 관리해 보는 경험
이 먼저 필요하다고 생각했다. 명절 용돈이 5만 원이라면, 그중 10%
인 5천 원만 있어도 아이는 먹고 싶은 간식이나 사고 싶은 학용품
정도는 살 수 있다. 이렇게 적은 금액으로 시작해 점점 관리 경험이

쌓이면, 저축·소비·기부를 구분해 사용하는 능력도 자연스럽게 자란다. 그 믿음에 따라 지급 비율도 해마다 10%씩 상향했다.

나머지 금액은 부모가 대신 관리한다. 아이가 성인이 되면 한 번에 돌려줄 계획이다. 중학생이 되면 아이의 경제 개념과 또래 소비문화를 고려해, 갈등을 줄이기 위해 100% 지급으로 전환한다.

용돈을 둘러싼 부모와 아이의 마음

아이의 마음은 이렇다. '내가 받은 돈인데 왜 부모님이 가져가는 걸까? 내가 저축할 수도 있는데 왜 대신 저축하는 걸까?'

부모의 마음도 분명하다. '아직 돈 관리가 서툴러서 큰 금액을 맡기기엔 걱정돼. 어차피 나중에 아이에게 줄 돈이니 지금은 내가 관리하는 게 맞아.'

두 마음은 모두 옳다. 그러나 둘 다 완전하지는 않다. 부모는 보호자로서 아이를 대신해 관리해 줄 필요가 있고, 아이는 아이 나름대로 직접 돈을 다뤄볼 경험도 필요하기 때문이다.

핵심은 단계적 경험

돈 개념은 하루아침에 생기지 않는다. 더하기를 못하는 아이가 곱하기를 잘할 수는 없다. 10%, 20%, 30%씩 비율을 높여가며 아이는 저축, 소비, 나눔을 모두 경험한다. 어떻게 돈을 썼을 때 기쁜지, 얼마를 모았을 때 뿌듯한지, 저금통이 나은지 은행이 나은지, 이 모든 판단에는 시간이 필요하다.

앞서 제시한 방식대로라면 아이는 짧게는 초등학교 6년, 길게는 유치원 때부터 시작해 10년 가까이 돈을 다뤄보게 된다. 어떤 일이든 10년을 하면 '전문가'가 된다. 돈 관리도 마찬가지다. 적은 금액이라도 오래 경험한 아이는 성인이 되었을 때 자연스럽게 자신만의 돈 철학을 갖게 된다.

물론 갈등이 전혀 없지는 않다. 초등 2학년이던 첫째가 어느 날 이렇게 말했다.

"엄마, 내 친구들은 추석에 받은 용돈을 자기가 다 가져요. 나도 그러고 싶어요. 왜 내가 받은 만 원 중에서 이천 원만 나한테 주고, 팔천 원은 엄마가 가져가요?"

그때 나는 이렇게 설명했다.

"슬아, 그 팔천 원은 엄마가 쓰는 게 아니야. 지금 네 통장에 차곡차곡 저축하고 있어. 그리고 지금 너는 돈을 '배우는 단계'야. 오만 원과 십만 원으로 할 수 있는 일이 얼마나 다른지 아직 잘 모르잖아. 이 돈으로 저축할지, 간식을 살지, 갖고 싶던 피규어를 살지도 고민이 많을 거야. 중학생이 되면 엄마는 네가 받은 용돈을 전부 네가 관리하게 할 거야. 초등학교 때는 '돈을 연습하는 시기'라고 생각해 보자."

아이는 내 말을 이해했고, 우리 집 명절 용돈 규칙을 받아들이게 되었다.

자녀 교육 Point

• 아이 명의 통장 만들기

요즘 은행은 출산 장려 정책의 하나로 어린이 통장을 개설하면 소정의 포인트나 사은품을 제공하기도 한다. 아이 명의 통장을 만들어 용돈이나 명절 용돈을 받을 때마다 통장을 함께 보여주고, 입금 과정을 직접 경험하게 해보자.

돈이 통장에 쌓이는 모습을 눈으로 확인하는 경험은 저축을 '의무'가 아니라 '기쁨'으로 인식하는 데 도움이 된다.

• 주식 투자, 교육 목적이라면 가능

부모에게 투자 경험이 있다면, 교육 목적에 한해 아이 명의 계좌로 소액의 주식을 함께 사 볼 수 있다. 단, 아이의 돈을 부모의 투자 씨드처럼 사용하는 행동은 반드시 피해야 한다. 돈의 주인은 어디까지나 아이라는 점을 분명히 해야 한다.

주식 투자 비중은 아이 자산의 50%를 넘기지 않는 선이 적절하며, 수익이 나거나 손실이 발생했을 때는 그 이유를 아이 눈높이에 맞게 설명해 주자. 돈이 늘어나는 경험뿐 아니라 줄어드는 경험까지 함께 나눌 때, 주식은 훌륭한 금융 교육 도구가 된다.

부자들의 돈 관리:
네 개의 주머니

"계란을 한 바구니에 담지 마라,

만일 바구니를 떨어뜨리면 모든 것이 끝장이다"

_제임스 토빈

명절 용돈은 아이에게 '예상치 못한 부수입'이 들어오는 특별 보너스다. 우리 집 용돈 지급 기준에 따르면, 초등 1학년 아이가 조부모에게서 20만 원을 받으면 그중 2만 원은 아이에게 지급된다. 문제는 아이가 성장할수록 명절 용돈의 액수가 커지고, 아이가 직접 관리하게 되는 금액 역시 점점 늘어난다는 점이다. 그래서 기부 개념을 자연스럽게 알려주었다.

"슬아, 별아. 너희들은 용돈을 지갑에 넣어두잖아. 용돈을 받으면 그중 일부를 기부해 보는 건 어때? 엄마도 늘 기부하잖아. 집에 빈 병이 있으니까 그걸 '기부 통'으로 만들어보자."

아이들은 평소 내 모습을 늘 보아와서인지 선뜻 동의했다. 우리는 다 쓴 유리병에 네임펜으로 '기부 통'이라는 글자와 각자의 이름을 쓰고, 용돈을 받을 때마다 약 10%에 해당하는 금액을 넣기 시작했다.

몇 달이 지나자 둘째가 말했다.

"엄마, 엄마한테 받은 용돈이랑 명절에 받은 용돈을 차곡차곡 모으고 있잖아요. 그런데 가끔 그 돈을 간식 사 먹는데 써버려요. 기부 통에 돈을 잘 모아서 어려운 사람을 돕고 싶은데 자꾸 꺼내 쓰게 돼서 속상해요."

둘째는 특히 소비 성향이 강해 용돈을 남김없이 쓰는 편이었다. 그러다 보니 기부 통에 모아 둔 돈까지 꺼내 쓰는 일이 반복되었다. '마음은 있는데, 구조가 따라주지 않는 상황'이었다.

이 문제를 어떻게 풀어야 할지 고민하던 중, 예전에 읽었던 『다섯 가지 부의 비결』의 한 구절이 떠올랐다.

"4%의 사람들과 96%의 사람들의 돈 관리법과 사용법의 차이점은 무엇일까? 4%의 사람들은 돈을 여러 항아리에 나누어 담고, 96%의 사람들은 보통 돈을 하나의 항아리에 담는다. 4%의 사람들은 먼저 베풀고, 저축하고, 투자한 뒤 남은 돈을 쓰는 반면, 96%의 사람들은 먼저 쓰고 나서 남으면 베풀고 저축하고 투자하려 한다."

이 방식을 아이들에게 적용하면 돈을 목적별로 나누어 관리하는 감각을 익히게 할 수 있다는 생각이 들었다. 약간의 강제성은 있지만 이는 남편과 내가 생활비를 관리하는 방식이기도 했다. 결국 아이에게도 언젠가는 필요한 방식이라는 확신이 들었다.

처음 제안했을 때 아이들의 반응은 냉담했다.

"엄마, 나는 돈을 내 마음대로 쓰고 싶어요. 이렇게 나누는 건 엄마가 하고 싶은 대로 하는 거잖아요."

아이들을 설득하는 일은 쉽지 않았다. 그러다 올해, 아이들에게 다시 조심스럽게 제안했다.

"얘들아, 너희가 용돈이랑 기부할 돈을 따로 모으고 있잖아. 그런데 저번에 돈이 잘 안 모인다고 했지? 반면에 엄마랑 아빠가 대신 관리해 온 명절 용돈은 이렇게 많이 불어났어. 너희도 목표를 세우고 돈을 나누어 관리하면, 돈이 늘어나는 걸 눈으로 보게 될 거야. 그러면 더 모으고 싶어질 거고. 부자들도 이렇게 돈을 관리한대."

이미 시행착오를 겪어본 아이들이 이번에는 고개를 끄덕였다. 그렇게 세 아이에게는 네 개의 주머니(봉투)가 생겼다.

Ⓦ 우리 집 용돈 규칙 3

네 개의 주머니

주머니 이름	비율	의미
헌금 주머니	10%	종교 기관에 내는 헌금 등 신앙 실천 비용(가정 상황에 따라 다른 주머니로 대체 가능)
꿈 주머니	20%	배우고 싶은 것, 여행, 사고 싶은 물건 등 '미래의 기쁨'에 투자
나눔 주머니	10%	기부, 어려운 이웃 돕기 등 타인을 위한 지출
생활 주머니	60%	간식·문구·소품 등 일상 소비

아이들이 친척에게 용돈을 받거나, 특별한 날 선물 대신 용돈을 받는 날에는 아이 한 명당 세 개의 봉투와 평소 쓰던 지갑을 꺼내 함께 돈을 분류하는 시간을 갖는다.

예를 들어, 설날에 초등 1학년 아이가 20만 원을 받았다면 우리 집에서는 이렇게 분산한다.

- 20만 원의 70%(14만 원) → 부모가 대신 저축 또는 투자해 관리하고, 성인이 되면 아이에게 돌려준다.
- 20만 원의 30%(6만 원) → 아이가 직접 네 주머니로 나누어 관리한다.

주머니	비율	금액
헌금	10%	6,000원
꿈	20%	12,000원
나눔	10%	6,000원
생활	60%	36,000원

아이들은 돈을 나누어 담는 순간, 각 주머니에 감정적 의미를 부여한다. 돈이 한데 모여 있을 때는 쉽게 써버리지만, 목적이 분명한 주머니에 담기면 아이는 자연스럽게 '이 돈은 왜 모으는 돈이었지?'를 먼저 생각한다.

이 질문이 떠오르는 순간, 이미 경제 교육은 시작된 것이다.

자녀 교육 Point

• 아이가 주머니 나누기를 귀찮아한다면?

네 개의 주머니는 하나의 예시일 뿐, 반드시 지켜야 할 기준은 아니다. 가정의 상황에 따라 '기부'를 '저축'으로 바꾸거나, 투자 비율을 높이거나, 종교가 없다면 헌금 주머니를 다른 이름으로 대체해도 괜찮다. 중요한 것은 주머니 개수가 아니라, 아이가 스스로 돈의 용도를 구분해 보는 경험이다. 처음에는 두 개나 세 개의 주머니로 시작해도 충분하다.

• 아이가 나눔 주머니를 아까워한다면?

세상은 혼자 살아갈 수 없으며, 우리가 일상을 안정적으로 영위할 수 있는 것도 보이지 않는 수많은 도움 덕분이라는 점을 차분히 이야기해 줄 필요가 있다. 세계적인 기부자의 이야기, 나눔을 주제로 한 그림책이나 영상 콘텐츠를 활용해 '왜 나눔이 중요한지'를 자연스럽게 전해보자. 아이의 생각이 금세 바뀌지 않아도 괜찮다. 중요한 것은 설득이 아니라 대화를 이어가는 것이다. 나눔은 강요보다 부모의 실천을 보여주는 모델링이 효과적이다.

누가 부담할 것인가?
필요 소비 vs 욕구 소비

"욕심이 많으면 그 뜻을 잃는다"

_노자

남편과 함께 쇼핑을 가면 나는 늘 나에게 어울리는 옷을 잘 고르지 못했다. 어느 날은 혼자 고르면 다를까 싶어 과감히 몇 벌을 사 들고 왔지만, 며칠이 지나지 않아 후회가 밀려왔다. 다시 보니 마음에 드는 옷이 하나도 없었다. 체형에 맞지 않거나 색이 어울리지 않거나, 입었을 때 불편함이 느껴지는 옷들이었다. 그때 깨달았다. '또 돈을 허투루 썼구나.'

나는 아이들이 나처럼 '아깝다, 후회된다'라는 감정보다, 경험을 통해 스스로 더 나은 선택을 해가는 어른으로 자라길 바랐다. 잘못된 선택이 있다면 자책으로 끝나는 것이 아니라, 그 경험을 발판 삼아 다음 선택의 만족도가 높아지기를 바랐다.

용돈과 부수입을 차곡차곡 모으는 습관이 자리 잡으면, 아이가 직접 관리해야 하는 돈의 규모도 자연스럽게 커진다. 이때부터는 소비의 주도권을 조금씩 아이에게 넘기고, 합리적인 선택을 돕는 과정이 필요하다.

좋아하는 것을 살 때는 50:50으로 지출하기

첫째가 도서관에서 읽고 정말 재밌다고 말한 책은 시리즈물이었다. 권수가 꽤 많아 한 번에 사주기에는 부담이 컸고, 아이는 소장하고 싶어 했다. 나는 가정 경제를 지키기 위해 고민이 됐다. 가정의 재정과 아이의 욕구 사이에서 고민하던 끝에 선택한 방법이 바로 50:50 지출 규칙이었다.

> Ⓦ **우리 집 지출 규칙 4**
>
> 좋아하는 물건 구입 = 아이 용돈 50% + 생활비 50%

요즘 아이들은 무료로 제공되는 것에 익숙하다 보니 물건에 담긴 비용과 노력의 가치를 간과하는 경우가 많다. 학교에서 나눠준 물건이 금세 분실물로 쌓이는 모습을 보면 쓸쓸해진다. 자기 돈의 일부라도 들어간 물건에는 태도가 달라진다. 더 신중히 고르고, 더 오래 쓰고, 더 소중히 다룬다. 50:50 원칙은 소비의 책임감을 자연스럽게 익히게 하는 장치다.

선택지는 적을수록 좋다

심리학자 쉬나 아이어Sheena Iyengar와 마크 렙퍼Mark Lepper의 '선택 과부하 이론'에 따르면 선택지가 많을수록 오히려 결정 피로를 느끼고, 선택을 미루거나 결과에 대한 만족도가 낮아진다. 아이에게 선택권을 주는 것도 중요하지만, 너무 많은 선택지는 오히려 혼란을 키울 수 있다.

아이들 옷을 사러 아울렛에 갔을 때의 일이다. 아동복 매장이 한 층에 몰려 있어, 이 매장 저 매장을 오가며 아이에게 고르라고 했더니 아이는 무엇을 골라야 할지 몰라 한참 망설였다. 그러고 나서 하나의 스파 브랜드 매장 안에서만 고르도록 범위를 제한하자, 비교적 짧은 시간 안에 필요한 옷을 스스로 골라냈다. 선택지를 줄이자, 결정 속도와 만족도가 동시에 높아진 것이다. 아이는 경험이 쌓일수록 자신이 원하는 것과 자신에게 맞는 것을 구분한다. 중요한 것은 무한한 선택이 아니라, 적절히 제한된 선택안에서 결정해 보는 경험이다.

중고 물건을 사는 경험

첫째가 자전거를 사달라고 했을 때의 일이다. 새 자전거 가격을 알고는 선뜻 사주겠다는 말이 나오지 않았다. 대신 중고 시장 앱을 찾아보니 같은 모델이 정가의 3분의 1 가격에 거래되고 있었다.

나는 아이에게 이렇게 설명했다.

"슬아, 엄마가 자전거 가격을 알아봤어. 새 제품은 30만 원 정도 하더라. 엄마는 평소에도 만 원, 이만 원을 아끼려고 노력하잖아. 자전거는 한 번만 타도 바로 중고가 되는데, 이 가격은 조금 부담이 돼. 그런데 중고 시장 앱에서 찾아보니까 몇 번 안 탄 중고 자전거를 10만 원 정도에 팔고 있더라. 이번엔 중고로 사보는 건 어때?"

하루라도 빨리 자전거를 타고 싶었던 아이는 구매가 늦어지는 데다 새것도 아니라는 점이 못내 아쉬운 눈치였다. 나는 아이에게 생각할 시간을 주었다. 30분쯤 고민하던 아이는 이렇게 말했다.

"엄마, 중고로 사도 괜찮아요. 어차피 새 자전거를 사도 금방 헌 자전거가 되잖아요. 대신 빨리 사주면 좋겠어요."

아이의 선택을 존중해 곧바로 직거래를 하러 갔다. 그 경험을 통해 아이는 중고 물건도 충분히 좋은 상태일 수 있으며, 중고 구매가 가져다주는 경제적 이점을 직접 이해하게 되었다.

자녀 교육 Point

중고 책 구입

중고 전집을 3만 원에 구매해 세 아이가 모두 읽고 난 뒤 다시 무료 나눔했다. 아파트 분리 수거장에서 상태가 좋은 세계 명작 전집을 발견해 집에 들인 적도 있다. 무조건 새것으로 사기보다, 중고를 먼저 검토해 보자.

우리 아이 소비 습관 점검표

1. 사고 싶은 것이 생기면 "정말 필요한 걸까?" 한 번 더 생각해 보라고 한 적이 있다. (　)

2. 구매 전에 "이걸 왜 갖고 싶지?" 이유를 말로 설명해 보게 한 적이 있다. (　)

3. 바로 사기보다 며칠간 고민해보는 시간을 가져보라고 한 적이 있다. (　)

4. 물건을 살 때 "더 합리적인 가격이 있을지 함께 찾아보자"라고 말한 적이 있다. (　)

5. 새 제품이 아니더라도 중고 물건도 괜찮다고 받아들이는 편이다. (　)

6. 물건을 아끼고, 쉽게 망가지지 않도록 조심해서 사용한다. (　)

7. 친구가 가지고 있어도 꼭 필요하지 않으면 참아본 경험이 있다. (　)

8. 용돈을 모아 스스로 원하는 것을 구매해 본 경험이 있다. (　)

9. 떼를 쓰는 상황에서도 즉각 거절하거나 허용하기보다 대화를 시도해 본 적이 있다. (　)

10. 더 이상 사용하지 않는 물건을 다른 사람과 나눠본 경험이 있다. (　)

| 결과 해석 |

- **9~10개**　소비를 '돈 쓰기'가 아니라 선택과 책임의 과정으로 이해한다.
  부모도 같은 태도를 보여줘야 지속된다.
- **6~8개**　합리적 소비의 기준이 형성되는 시기. 필요와 욕구를 구분하고, 충동 소비를
  참을 수 있다. 용돈 관리나 선택의 책임을 아이에게 조금씩 넘겨도 좋은 단계.
- **3~5개**　소비는 신중해야 한다는 점을 인식해 나가는 상태. 부모의 말과 태도가 아이
  의 선택에 서서히 스며들고 있다. 선택할 때까지 천천히 기다려보기, 가격 비
  교해 보기 같은 경험이 더 필요하다.
- **0~2개**　아직은 소비를 감정이나 즉각적인 욕구로 받아들이는 시기. "왜 필요할까?"
  "진짜 필요한 소비인지 조금 더 생각해 볼까?"와 같은 가벼운 질문부터 시작
  해 본다.

AI가 대체할 수 없는
능력

"우리가 모두 위대한 일을 할 수는 없지만
위대한 사랑으로 작은 일은 할 수 있습니다"

_마더 테레사

돈을 모으고 절약하고 투자하는 능력만큼 중요한 것이 있다. 바로
돈을 잘 쓰는 능력이다. 올바른 경제 교육은 돈을 아끼고 불리는 법
에 그치지 않고, 돈을 가치 있게 사용하는 방법까지 포함해야 한다.
그래서 나는 아이들에게 꼭 가르쳐야 할 경제 개념 가운데 하나가
바로 '나눔'이라고 믿는다.

왜 나눔이 경제 교육의 일부일까?

요즘 AI는 놀라울 만큼 빠르게 발전하고 있다. 마이크로소프트(MS)
의 보고서에 따르면 AI 대체 가능성이 높은 상위 40개 직업군에는
통역가·역사가·작가 등 지식 노동과 관련된 직종이 포함되며 기

자·정치학자 등 언어 능력을 기반으로 한 직업이 뒤를 잇는다. 고도화된 생성형 AI가 자연어 처리와 의미 해석 능력을 갖추면서 기존의 '지식 노동'은 더 이상 안전지대가 아니라는 뜻이다. 이는 고객 서비스나 영업 직무도 예외가 아니다.

그러나 AI가 결코 대신하기 어려운 영역이 있다. 바로 사람을 향한 온정과 공감, 그리고 나눔의 실천이다. AI는 소득 대비 적절한 기부 금액을 계산해 주고 효율적인 지출 구조를 제안할 수는 있지만 나눔의 의미를 이해하거나 실천의 마음을 가질 수는 없다. 따라서 아이가 인공지능 시대에도 영향력 있는 사람으로 살아가길 바란다면 '돈을 잘 버는 능력' 못지않게 돈을 가치 있게 쓰는 능력, 그리고 나눔의 정신을 길러주는 것이 필요하다.

진짜 부자가 말하는 돈을 쓰는 법

프랑스어 '노블레스 오블리주'는 권력과 부를 가진 사람이 마땅히 져야 할 도덕적 책임을 뜻한다. 오늘날에는 사회적 영향력을 가진 이들이 기부를 통해 사회에 환원하는 태도를 의미한다.

세계적인 부자들 역시 돈을 버는 법만큼이나 돈을 쓰는 방식을 중요하게 여겨왔다. 페이스북 창시자인 마크 저커버그는 2015년 자신의 페이스북 지분 99%를 불우한 이웃에게 기부하겠다고 밝혔고, 마이크로소프트 창업자 빌 게이츠는 2025년 5월, 2045년까지 전 재산을 기부하겠다고 공식 선언했다. 세계적인 투자가 워런 버핏 또한

2023년까지 약 63조 원을 자선단체에 기부했다.

이들은 나눔을 통해 더 큰 사회적 영향력을 만들었고 그 과정에서 또 다른 성장을 경험했다. 아이도 마찬가지다. 어릴 때부터 나눔을 배운 아이는 돈을 단순한 소비 수단이 아닌 가치를 창출하는 자원으로 인식하게 되고, AI가 대체할 수 없는 '사람을 향한 마음'을 지닌 인재로 성장할 수 있다.

나눔의 실천 경험

첫째가 아홉 살, 둘째가 일곱 살이던 해였다. 다니던 교회에서 '사랑의 저금통'을 나누어주며 어려운 나라의 아이들을 돕고 싶은 사람은 저금통에 돈을 모아 오라고 했다. 나는 이 저금통을 어떻게 채워야 할지 고민했다. 그런데 아이들은 예상보다 훨씬 빠르게 답을 내렸다.

"엄마, 내 생일에 3만 원짜리 선물 받을 수 있잖아요? 선물 안 받고 그 돈으로 기부하고 싶어요."

둘째도 1만 원을 기부하겠다고 했다. 어린 나이였지만, 자신의 선물을 포기하고 누군가를 돕겠다는 선택을 스스로 한 것이다.

나중에 아이들에게 어떻게 그런 결정을 할 수 있었는지 묻자, 첫째가 말했다.

"엄마도 매달 기부하잖아요. 나도 엄마 따라서 해본 거예요."

둘째는 "나는 아픈 사람을 도와보고 싶었어요"라고 답했다.

그 순간 나는 확신했다. 아이들은 말보다 부모의 행동을 통해 배우며 부모가 실천하는 나눔이 곧 교육이라는 사실을.

나는 첫째가 태어났을 때부터 또 다른 아이의 건강한 성장을 돕겠다는 마음으로 매달 일정 금액을 기부해 왔다. 첫 책의 수입 10%를 기부하기로 결심했고, 그 과정에서 병원의 기부자 명단에 이름이 올라가는 경험도 했다. 이러한 경험을 아이들과 자연스럽게 나누었다.

작은 돈을 기부하지 못하면 나중에 큰돈을 벌었을 때도 나눔은 쉽지 않다. 하지만 가진 범위 안에서 꾸준히 나눔을 실천한 경험이 있다면 성인이 되어서도 나눔은 자연스러운 삶의 태도가 된다.

남을 돕고 싶다는 아이들

도덕 수업 시간에 나는 아이들에게 종종 묻는다.

"어떤 어른이 되고 싶나요?"

대부분은 부자가 되어 세계 여행을 다니고, 하고 싶은 일을 하며 살고 싶다고 말한다. 그러나 간혹 형편이 어려운 사람을 돕고 싶다고 말하는 아이도 있다. 그럴 때 나는 이렇게 이야기한다.

"여러분, 작은 돈으로 기부하지 않으면 나중에 큰돈을 벌었을 때 기부하는 건 더 어려워져요. 지금 용돈의 5%만이라도 나눌 수 있는 사람이 어른이 되어서도 자연스럽게 나눔을 실천할 수 있어요. 그리고 기부를 하다 보면 더 많이 나누고 싶어서 자기 일을 더 성실하게 하게 돼요. 이건 선생님의 실제 경험이에요."

기부할수록 더 나누기 위해 노력했던 나 자신의 경험이 있었기에 나는 확신한다. 나눔을 실천하는 아이는 AI가 대체할 수 없는 윤리적 사고와 성찰 능력을 지닌 사람으로 성장할 수 있다는 것을.

• 카카오 '같이가치' 활용하기
포털 사이트 검색창에 '카카오 같이가치'를 입력하면 도움이 필요한 다양한 국내외 사례를 만날 수 있다. '좋아요·댓글·공유'만으로도 카카오에서 건당 100원을 기부해 주기 때문에, 어린아이도 부담 없이 나눔을 경험할 수 있다. 기부할 때는 아이가 공감하는 사연을 함께 고르는 과정을 추천한다. 나눔의 이유를 스스로 느끼게 하는 것이 중요하다.

• 가족이 함께 나눔 실천하기
부모가 먼저 실천해야 아이가 따라온다. 연말 기부, 물품 기부, 봉사활동 등 가정의 여건에 맞게 나눔을 경험해 보자. 재능이나 머리카락 기부처럼 물질이 아닌 '나 자신'을 활용한 나눔도 훌륭한 선택이다.

가족여행,
새로운 시각으로 접근하기

"여행은 편견, 고집불통, 편협함을 깨뜨리는 데 결정적이다.
많은 사람에게 여행이 절실히 필요한 이유다"

_마크 트웨인

만 16개월이던 첫째를 데리고 해외여행을 떠났을 때 친구가 안부를 물어왔다.

"즐겁긴 한데… 아이와 떠난 여행은 장소만 바뀐 육아 같아. 힘든 건 마찬가지야."

둘째까지 데리고 떠난 두 번째 해외여행도 크게 다르지 않았다. 그 이후로 남편과 나는 아이들과 함께하는 해외여행을 과감히 멈추고, 대신 각자 친구들과 여행하는 시간을 가지며 '여행의 허기'를 달랬다. 아이와 함께 가는 여행은 챙기는 것도 많고 먹거리부터 놀거리까지 제약이 많았지만, 친구와 떠난 여행은 단출했고, 육아에서 잠시 벗어난 해방감과 함께 좋은 추억으로 남았다.

아이들과 언제부터 여행을 가는 게 좋을까

요즘 아이들은 유치원 시기(6~7세)부터 초·중학생에 이르기까지 해외여행을 많이 다닌다. 학기 중에 떠나는 경우도 적지 않다. 아이들은 자연스럽게 서로의 여행 경험담을 나누며 해외여행에 대한 동경과 호기심을 키운다. 하지만 나는 아이가 어느 정도 자란 뒤 떠나는 해외여행이 훨씬 더 교육적으로 의미 있다고 생각한다.

그때까지는 해외여행 비용을 차곡차곡 모으고, 대신 부담이 적은 국내 여행으로 충분한 경험을 쌓아도 좋다. 일상에서 외국인을 잠깐 마주치는 것과, 전혀 다른 환경에서 그 나라의 언어를 직접 듣고 생활을 경험하는 것은 경험의 깊이에서 큰 차이가 난다. 아이들은 낯선 문화와 환경에 노출될 때 '언어'에 대한 감각도 자연스럽게 확장된다.

아이가 어릴 때는 부모가 몇 가지 후보지를 제시하고 그 안에서 선택하도록 하면 좋다. 아이에게 검색 능력이 생겼다면 직접 여행지를 조사해 가고 싶은 나라를 고르게 하거나, 관광지·음식 리스트를 만들고 가족 앞에서 간단히 발표해 보게 하는 것도 의미 있는 준비 과정이다.

코넬대학교의 토마스 길로비치Thomas Gilovich 교수는 물질적 소비보다 경험 소비가 훨씬 더 지속적이고 강력한 행복을 준다고 말한다. 경험 소비는 여행·공연·캠핑·체험학습 등을 의미하는데, 이러한 경험 중심 소비는 시간이 지나도 긍정적 감정을 남기며 개인의 정체성에 깊이 자리 잡는다. 무엇보다 경험을 기다리는 동안 느끼는 기대감 자체가 큰 행복으로 작용해, 여행을 준비하고 기다리는 시간마저 소중한 추억이 된다는 점이 인상 깊다.

이러한 연구 결과를 볼 때, 아이와의 여행은 즉흥적인 이벤트가 아니라 '기다림이 있는 기획된 경험'이 되어야 더 큰 만족과 배움으로 이어진다. 여행이 국내냐 해외냐는 본질적인 문제가 아니다. 가족의 여건에 맞게 실속 있게 구성한 경험이야말로 아이의 삶에 오래 남는 자산이 된다.

우리 가족은 셋째가 태어난 이후 국내 곳곳을 여행하며 3년 뒤 떠날 해외여행을 차근차근 준비하고 있다.

똑똑한 여행 준비

1. 여행 전용 통장 만들기

한때 우리 가족은 여행을 즉흥적으로 준비했다. 항공권을 얼리버드로 저렴하게 구매하면 그제야 여행 준비를 시작했고, 여행 경비도 생활비에서 충당했다. 하지만 이 방식은 생활비 변동성을 키우고 가정 경제를 흔들기 쉬웠다.

고민 끝에 우리는 사용하지 않던 통장 하나를 '여행비 통장'으로 정하고 아이들 이름으로 입금되는 아동수당을 이곳으로 옮겼다.

아동수당 지급 기준

항목	내용
금액	월 10만 원(자녀 수와 상관없이 아동별 지급)
대상	만 8세 미만(생후 0개월~95개월까지)
시기	출생 신고 후 다음 달부터
소득 조건	없음(전 계층 대상)

*아동수당은 2025년부터 단계적으로 지급 연령이 확대되어, 2030년까지 만 13세 미만(0~12세) 아동에게 지급될 예정.

주위를 보면 아이들 이름으로 들어오는 수당을 저축이나 투자로 돌리거나 생활비에 보태 쓰는 경우가 많다. 우리 집 역시 양육비 비중이 커 생활비에 보태지 않을 수 없는 상황이었지만, 그렇게 쓰다 보니 아이들을 위해 준 돈을 흐지부지 써버린다는 죄책감이 들었다.

그래서 아동수당을 아이들과 함께 떠나는 여행 경비로 쓰기로 했다. 숙박비, 식비, 체험비를 아동수당으로 지출하니 생활비에 큰 타격이 없었고, 여행 자체에 대한 심리적 부담도 가벼워졌다.

이제는 아이들에게도 여행비 일부를 부담하게 한다. 여행지에서 기념품이나 간식을 사고 싶어 할 때, 예전처럼 부모가 모두 해결해 주지 않는다. 천 원, 이천 원이라도 지갑에 넣어 가게 해 용돈에서 지출하게 했다. 그동안 모아 둔 돈을 여행지에서 자유롭게 쓸 수 있다는 점에 아이들은 만족했고, 부모 역시 불필요한 소비 부담이 줄어 여행이 훨씬 편안해졌다.

2. 여행 준비하기

여행 경비에서 큰 비중을 차지하는 것이 숙소·식비·교통비·체험비다. 나는 자연휴양림이나 직장 복지 혜택으로 이용할 수 있는 복지관 등 실속 있는 숙소를 우선 검토해 숙소비를 절약한다. 여행 중 아침 식사는 숙소에서 간단하게 해결할 수 있도록 빵과 우유, 컵밥, 김치와 조미김 정도만 챙겨간다. 이런 간단한 준비만으로도 아이들은 충분히 잘 먹는다.

이렇게 여행 경비를 조절하며 아이들에게 '여행은 소비하러 가는 것이 아니라 실속을 챙기면서 가족과 함께 즐겁고 오래 기억될 추억을 만드는 과정'이라는 인식을 심어준다.

자녀 교육 Point

• 여행비 기준 세우기

나는 여행비가 가계 소득의 5%를 넘지 않도록 기준을 세웠다. 아동수당을 모아 연 4회 국내 여행을 계획하고, 5인 가족 해외여행은 3년 뒤를 목표로 여행 적금을 들고 있다. 이 과정을 아이들과 공유하며, 여행 역시 충동이 아닌 '계획된 소비'라는 경제 개념을 자연스럽게 알려준다.

• 여행 후 '한 줄 기록' 남기기

여행이 끝나면 아이에게 이렇게 묻는다.

"이번 여행에서 가장 기억에 남는 장면은 뭐였어?"

"배운 점이 있다면?"

글쓰기가 어렵다면 대화로 정리해도 괜찮다. 여행 노트를 따로 두거나 용돈기입장 하단에 한 줄로 기록하는 방법도 있다.

기록은 최고의
경제 교육

한 조사에 따르면 성인 1,000명 중 가계부를 쓰는 사람은 35.8%에 불과하다. 나 역시 오랫동안 가계부를 쓰지 않는 사람이었다. 고단한 하루를 보낸 뒤 가계부까지 펼칠 여력이 없었고, 새해마다 야심차게 준비한 가계부는 늘 1월 첫 주를 넘기지 못했다.

사람들이 가계부를 쓰지 않는 이유는 다양하다. 가장 큰 이유는 '귀찮아서'이지만, 그 이면에는 심리적 저항이 있다. 가계부를 쓰기 시작하면 자연스럽게 '낭비 항목'이 눈에 띄고, 그 순간 소비를 줄여야 한다는 부담이 밀려온다. 부부 사이에서 갈등이 생기기도 한다. 한 사람은 줄이자고 하고, 다른 사람은 필요하니 써야 한다고 말할 때 의견 충돌은 불가피하다. 여기에 '가계부가 과연 효과가 있을까?'라는 의문도 더해진다. 다 필요해서 쓴 돈인데 여기에 '과소비'

라고 이름 붙일 항목이 없다고 확신하는 때도 많다.

그러나 가정 경제에 위기감을 느낀 뒤 가계부를 본격적으로 쓰기 시작하면서, 나는 기록의 힘을 체감했다. 가계부를 쓰면 한 달의 생활비 한도를 정하고 그 범위 안에서 소비하게 된다. 아이들 옷은 어느 정도 사야 할지, 식비를 어디까지 조절할 수 있을지 자연스럽게 계산하게 된다. 주 단위로 지출 흐름을 살피다 보면 과소비가 줄고, 지출이 많았던 주에는 다음 주를 더 절제하며 보내겠다는 다짐도 하게 된다. 이런 작은 조절이 반복되면 여유자금이 생기고, 이것이 저축과 투자, 노후 준비로 자연스럽게 이어진다.

부담을 덜어내는 현실적인 가계부 노하우

1. 변동성 생활비만 기록한다.

나는 수기로 가계부를 쓴다. 여러 방식을 시도해 봤지만 가장 지속 가능한 방법이다. 가장 중요한 원칙은 모든 지출을 다 적지 않는 것이다. 생활비의 처음부터 끝까지 기록하려 하면 번거롭고, 무엇보다 오래가지 않는다. 그래서 나는 가계부에 변동성 생활비만 적는다. 우리 가족(5인)의 한 달 변동성 생활비는 약 150만 원 정도로, 식비·생필품·꾸밈비·체험비처럼 매달 변동이 큰 항목들만 포함한다. 교육비와 여행비는 이미 별도로 고정 관리하고 있어 가계부에는 따로 적지 않는다.

2. 매주 주말에 몰아서 작성한다.

우리 집은 매주 월요일 생활비를 통장에 입금하고, 그 범위 안에서 한 주를 살아간다. 내 명의로 된 체크카드 두 장을 발급받아 하나는 남편이, 하나는 내가 사용한다. 이렇게 하면 가계부를 쓸 때 서로 지출 내역을 일일이 묻지 않아도 된다. 신용카드를 사용하지 않기 때문에 통장에 찍힌 체크카드 내역을 그대로 옮겨 적기만 하면 되고, 가계부 작성 시간은 15분이면 충분하다.

3. 주 단위 총합으로 다음 주를 준비한다.

매주 일요일 오후, 일주일 치 가계부를 기록한다. 가장 마음이 편안한 시간이다. 기록을 마친 뒤 한 주의 지출 총합을 계산하고, 이번 주는 적정했는지, 과한 항목은 무엇인지를 남편과 함께 이야기한다. 잔액이 남으면 저축 통장으로 이체해 통장 잔액을 0원으로 맞추고, 다음 주를 어떻게 살아갈지 함께 의논한다.

4. 가족들과 공유한다.

일요일 저녁 식사 자리에서 아이들과도 자연스럽게 이야기를 나눈다. '이번 주 큰 지출은 무엇이었는지', 다음 주 '외식은 몇 번 정도 가능한지'와 같은 이야기를 나누며 가계 운영이 일상의 일부임을 자연스럽게 보여준다.

아이에게도 용돈 기입장이 필요할까?

아이에게 공부 습관을 들이고 싶다면 부모가 먼저 책을 읽는 모습을 보여야 하듯, 경제 개념을 키워주고 싶다면 부모가 가계부를 쓰고 지출을 점검하는 모습을 공유해야 한다. 유치원생에게 직접 용돈 기입장을 쓰게 하는 것은 현실적으로 쉽지 않다. '수입'과 '지출'은 추상적 개념이고, 한 줄씩 기록하는 일도 아이에게는 큰 숙제다. 하지만 방법은 있다. 어릴 때는 부모가 대신 써주면 된다.

셋째가 다섯 살이었을 때, 나는 아이의 용돈 기입장을 직접 써주기 시작했다. 아이는 한글은 물론, 용돈 기입장이 무엇인지도 몰랐다. 먼저 이렇게 말했다.

"결아 용돈 지갑 한 번 가져와 볼래? 이제 간식을 사거나 친척한테 용돈을 받으면 엄마가 여기에 차곡차곡 기록해 줄게."

아이는 신이 나서 지갑을 들고 와 지폐와 동전을 함께 세는 과정을 무척 즐거워했다. 부모의 행동을 그대로 따라 하고 싶어 하는 시기였기 때문이다. 그렇게 모아 둔 돈을 함께 계산한 뒤, 아이를 대신해 용돈 기입장을 써 내려갔다.

1. 기록은 최고의 경제 교육

용돈 기입장을 쓰는 이유는 단 하나다. 돈을 쓰면 돌아보는 습관을 일찍부터 들이기 위해서다. 한글을 몰라도, 의미를 완전히 이해하지 못해도 괜찮다. 중요한 것은 돈을 어떻게 썼는지 한 번 더 생각해 보는 경험이다. 우리 가족은 매주 일요일 오후, 부모가 가계부를 쓰는 시간에 아이의 용돈 기입장도 함께 점검한다. 기록은 단순한 숫자 정리가 아니라 삶을 성찰하는 훈련이다. 용돈 기입장을 쓰는 아이는 돈의 흐름을 알게 되고, 불필요한 소비를 줄이며 다음 선택을 고민하게 된다. 이는 곧 합리적 소비자로 성장하기 위한 기초 체력이 된다.

특히 기록된 잔액과 실제 지갑 속 돈이 일치하는지 확인하는 과정은 아이에게 매우 중요한 경험이다. 최소 일주일에 한 번, 돈의 드나듦을 눈으로 확인하며 다음 주 소비를 계획하는 모습에서 용돈 기입장의 순기능을 분명히 느낄 수 있었다.

2. 기록을 싫어하는 아이

모든 아이가 용돈 기입장을 좋아하는 것은 아니다. 첫째와 둘째 역시, 기록을 꾸준히 하는 데 어려움을 토로했다. 처음에는 기록할 때마다 '보상'을 주는 방법도 떠올렸지만, 이는 오히려 본질을 흐릴 수 있다. 기록은 보상받기 위한 행동이 아니라, 자신을 돌아보기 위한 과정이다.

기록을 거부하는 아이에게는 형식보다 본질에 집중하자. 매주 한 번 "이번 주 돈을 쓸 때 어떤 기분이 들었어?", "다음에는 조금 다르게 해보고 싶은 게 있어?"와 같은 질문을 던지고 대화를 나누는 것으로도 충분하다. 핵심은 기록 자체가 아니라 자기 소비를 되돌아보는 것에 있다.

자녀 교육 Point

• 기록의 문턱을 낮추기: '한 줄 용돈 기입장'

아이가 표 형식의 기입장을 어렵게 느낀다면, 그날 돈을 쓴 이유나 당시의 기분을 한 줄로 만 적어보게 하자. 기록에 대한 부담을 크게 낮추면서도 경제에 관한 대화를 이어갈 수 있는 효과적인 방법이다.

부모와 아이가 매주 이 한 줄을 함께 읽어보면, 아이는 자신의 소비 패턴을 자연스럽게 이해한다. 여기에 부모가 짧은 피드백을 덧붙이면, 기록은 '검사'가 아니라 교환 일기처럼 생각을 나누는 소통의 장이 된다.

• 돈 쓰기 대화는 한 달 1~2회가 적당

부모와의 경제 대화가 잦다고 해서 금융 지능이 높아지는 것은 아니다. 한 조사에 따르면 오히려 한 달 1~2회 정도의 적당한 빈도로 대화를 나눈 아이들의 금융 이해도가 더 높게 나타났다. 대화가 지나치게 잦아지면 아이는 이를 잔소리로 받아들여 위축되기 쉽고, 경제 교육 자체에서 멀어질 수 있다. 아이가 완벽하게 기록하는 것보다, 기록하려고 시도한 과정 자체를 인정하고 칭찬하는 것이 바람직하다.

온 가족 경제 토론:
머니 톡톡 3단계

"아이들의 마음은 젖은 시멘트와 같다.
그 위에 떨어지는 말과 태도는 모두 흔적으로 남는다"

_하임 기노트

아이에게 돈 개념을 가르치기 위해서는 결국 돈 이야기를 하게 된다. 문제는 그 방식이다. 가르치듯, 훈계하듯 말하는 순간 아이는 그것을 '잔소리'로 받아들이고 대화의 문을 닫아버린다. 그래서 내가 선택한 방법은 설명이 아니라 현실을 그대로 보여주는 것이다. 말로 설명해도 좋고, 글로 적어 보여줘도 좋고, 때로는 휴대폰 화면을 함께 들여다보는 것도 괜찮다. 중요한 것은 돈이 오가는 실제 장면을 아이와 공유하는 것이다.

소비 관련 일상 대화에 노출하기

경제 교육을 거창하게 생각할 필요는 없다. 엄마인 내가 무언가를

사기 위해 고민하고, 비교하고, 결심하고, 결국 구매에 이르기까지
의 전 과정을 아이에게 숨기지 않고 그대로 보여주면 된다. 아이는
그 과정에서 자연스럽게 많은 것을 배운다.

- 무언가를 사기 위해서는 그것이 필요한 합당한 이유가 있어야 한다.
- 새 제품을 사는 것이 좋을지, 중고 물품으로도 충분할지 고민해 본다.
- 온라인과 오프라인 중 어디에서 사는 것이 더 합리적인지 비교한다.
- 이 지출이 용돈으로 가능한지, 생활비를 써야 하는지 판단한다.

하나의 소비에는 수많은 판단이 담겨 있다. 이 모든 과정을 그대
로 드러내는 것이 가장 자연스럽고 현실적인 경제 교육이다.

어느 날 남편이 스피커를 너무 사고 싶어 했다. 재즈 음악을 좋아
하는 남편에게 스피커는 단순한 가전이 아니라 일상의 작은 휴식이
될 물건이었다. 우리는 세 아이와 함께 매장에 들러 직접 소리를 들
어보고, 집에 와서도 스피커 이야기를 계속 나누었다. 그 모습을 지
켜보던 아이들이 하나둘 질문을 던지기 시작했다.

"아빠, 스피커 사려고요?"

"근데 어디에 둘 거예요?"

"핸드폰으로도 음악 듣잖아요. 근데 왜 필요한 거예요?"

"이건 얼마짜리예요?"

아이들의 질문은 끝이 없었다. 그렇게 우리는 자연스럽게 목돈이
드는 소비에 관해 함께 이야기하게 되었다. 아이들의 질문에 답하다

보니, 나 역시 이 소비가 정말 필요한지 다시 점검하게 되었다. 때로는 아이의 말이 어른보다 더 정확할 때도 있다. 그때 확신했다. 일상 속 소비 대화야말로 아이에게 가장 현실적인 경제 수업이라는 것을.

가족끼리 나누는 경제 대화: 머니 톡톡 3단계

가족끼리 나누는 경제 대화 역시 거창할 필요는 없다. 우리 가족은 주말 중 하루를 정해, 모두가 편안하게 이야기를 나눌 수 있는 시간을 '머니 톡톡 시간'으로 삼았다. 주로 일요일 저녁 식사 후 자연스럽게 이어진다. 지난 일주일의 소비를 돌아보고, 다가오는 한 주를 어떻게 살아가면 좋을지 이야기하는 정도면 충분하다.

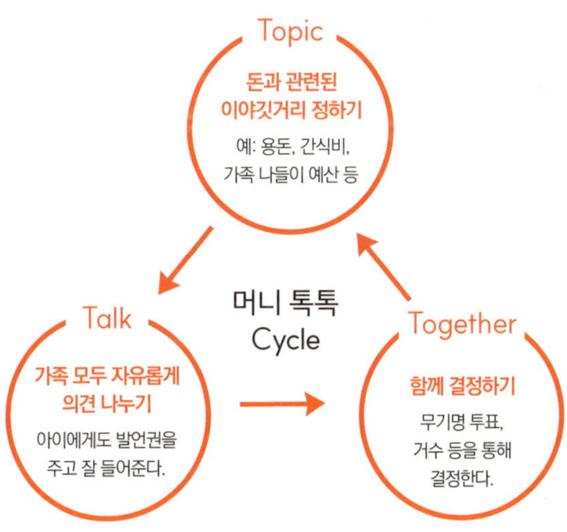

우리 집 사례

Topic : TV 구매

"엄마 TV를 사고 싶어요."

Talk : 솔직하게 의견 나누기

"TV가 필요한 이유가 뭐야?"

"친구들 집에 가면 다 TV가 있어요. 우리 집에도 TV가 있으면 좋겠어요."

"그 이유만으로는 충분하지 않을 것 같아. 집마다 필요한 가전은 다를 수 있잖아. 혹시 다른 이유는 없어?"

"나도 평범한 집에 살고 싶어요. 나는 핸드폰도 없잖아요. 그건 6학년 때 사주기로 약속했으니까 참을 수 있어요. 그런데 TV까지 없으니까 솔직히 좀 속상해요. 저녁 식사 후나 주말에 가족끼리 TV 보면서 시간을 보내고 싶어요."

"그러고 보니 주말 영상 데이에 패드로 영상을 볼 때 너희가 눈을 찡그리곤 했지. 화면이 작아서 불편하겠다는 생각을 하기도 했어. TV 사용 규칙을 함께 정하고, 그걸 잘 지키겠다고 약속한다면 엄마, 아빠도 긍정적으로 검토해 볼게."

"좋아요! TV는 마음대로 안 틀고 엄마, 아빠가 허락한 날만 볼게요. 주말 영상만이라도 TV로 보고 싶어요!"

Together : 함께 결정하기

"그럼 엄마랑 아빠가 적당한 가격대의 TV를 알아볼게. 다음 주말에 다시 이야기해 보자."

"네!!!"

이런 과정을 거쳐 우리 가족은 이동형 TV를 구매했고, 지금까지도 정해진 규칙을 지키며 잘 사용하고 있다. 이러한 대화는 단순한 소비 결정을 넘어, 아이가 가정 경제의 일원으로서 중요한 역할을 하고 있음을 깨닫게 한다.

머니 톡톡 대화는 꼭 정해진 순서를 그대로 따르지 않아도 된다. 위의 과정을 참고해 한두 단계만 실천해도 충분하다. 중요한 것은 일주일에 한 번이라도 가정 경제에 대해 가족이 함께 이야기하는 시간이 존재한다는 사실이다. 아이가 용돈을 통해 자기 돈을 관리하는 경험도 중요하지만, 그것만으로는 충분하지 않다. 가족이 함께 쓰는 생활비의 흐름과 예산, 지출의 방향을 함께 바라볼 때, 아이는 비로소 가정 경제라는 큰 그림을 이해하기 시작한다.

자녀 교육 Point

• 온라인·오프라인 가격 차이 직접 경험하기

예를 들어, 쌀 10kg을 마트에서 구매하면 보통 3~4만 원내이지만, 온라인에서는 2~3만 원대에 구매할 수 있다. 이처럼 최대 1만 원 가까이 차이가 나는 사례는 아이에게 '가격 비교'의 의미를 매우 직관적으로 알려준다. 이때 "마트에서 사면 이 정도 가격인데, 인터넷으로 사면 더 저렴해. 게다가 집까지 배송도 해주니까 시간도 아낄 수 있어"라며 이유를 덧붙여 설명해 주는 것이 좋다. 아이는 이 과정에서 단순히 '싼 게 좋다'가 아니라, 가격·시간·편의성까지 함께 고려하는 소비 감각을 배운다.

• 생활비와 용돈의 경계 알려주기

아이에게 필요한 물건이라고 해서 모두 생활비로 해결하는 것이 반드시 바람직한 것은 아니다. 학업이나 일상생활에 꼭 필요한 필수품이라면 부모가 생활비로 사주는 것이 맞다. 그러나 이미 머리핀이 여러 개인데도 길에서 예쁜 핀을 또 사달라고 한다면, 이는 '필요'라기보다 '욕구'에 가까운 소비다. 이럴 때는 "집에 핀이 이미 많잖아. 그동안 엄마가 사준 것도 있고. 예뻐서 갖고 싶은 거라면, 그건 네 용돈으로 사는 게 맞는 것 같아"라고 분명하게 말해주는 과정이 필요하다.

이렇게 경계를 분명히 하면 아이는 자신의 용돈을 써야 하는 상황 앞에서, 그 물건이 정말 값어치를 하는지 더 신중하게 고민하게 된다. 그래서 아이에게는 용돈이 필요하다. 부모의 돈은 상대적으로 '공짜'처럼 느껴져 쉽게 쓰이지만, 아이 자신의 돈은 다르기 때문이다. 물건을 살 때 꼭 필요한지, 그만한 가치가 있는지 생각해 보는 연습을 위해서라도 생활비와 용돈, 지출의 주체를 명확히 구분해 주자.

5장

돈 걱정에서 미래 희망으로

돈보다 삶을 먼저
가르치는 부모

돈 걱정하는 육아가
만연한 현실

"어떤 사람이 좋은 사람인지 논쟁하는 데 시간을 낭비하지 말고
스스로 좋은 사람이 되어라"

_마르쿠스 아우렐리우스

우리 세대는 '좋은 부모'가 되겠다는 마음으로 하루하루를 산다. 아이에게 더 잘해주고 싶은 진심은 종종 '돈 걱정'으로 변질된다. 사랑은 불안이 되고, 불안은 지출로 이어진다. 지금의 육아는 그렇게 흔들리고 있다.

자녀를 위한 양육비는 해마다 빠르게 늘고 있다. 저출산으로 아이 수는 줄어드는데, 사교육 시장은 오히려 팽창하고 있다. 영유아 사교육 과열을 우려해 정부가 전담 조직까지 꾸려 대책 마련에 나섰다는 사실은 이 문제가 얼마나 심각한지 단적으로 보여준다.

한 조사에 따르면 사교육비 마련을 위해 신용대출을 경험한 비율은 영유아 4.2%, 초등 저학년 6.2%, 고학년 7.8%로 점진적으로 상승하다가 중학생 14.5%, 고등학생 18.1%로 급격히 증가한다. 특히 저

소득층일수록 부업, 신용대출, 심지어는 노후 자금까지 동원해 사교육비를 마련하는 경우가 많았다. 이 수치는 단순한 통계가 아니라, '내 아이만큼은 부족함 없이 키우고 싶다'라는 부모의 불안한 사랑이 만들어낸 결과이기도 하다.

교육 불안이 만든 소비 구조

사교육 시장의 팽창에는 교육에 대한 불안심리가 깊게 작용한다. '내 아이가 남들보다 뒤처지지는 않을까?'라는 걱정이 경쟁의 출발점이 된다. 아이를 어릴 때부터 준비시켜야 한다는 생각은 예체능, 한글, 수학, 영어 등 각종 사교육으로 이어지고, 교육비는 가정 경제의 가장 큰 항목으로 자리 잡는다.

문제는 학원비로만 끝나지 않는다. 전집, 교구, 체험 활동, 각종 준비물까지 지출은 계속 늘어난다. 여기에 주거비와 생활비, 물가 상승까지 겹치면 부모는 늘 벼랑 끝에 서 있는 심정으로 하루하루를 버티게 된다.

그럼에도 마음은 편해지지 않는다. '혹시 돈이 부족해서 아이에게 필요한 걸 충분히 해주지 못하고 있는 건 아닐까?'라는 불안이 아이의 성장보다 앞선다. 부모의 불안은 결국 아이에게도 전해진다.

아이 역시 상당한 심리적 부담을 갖고 자란다. 친구를 경쟁 상대로 인식하고, 더 나은 성적을 위해 자신을 몰아붙인다. 만족은 점점 멀어지고, 학업 부담과 정서적 압박이 겹치며 우울과 불안을 호소하

는 아이들도 늘고 있다.

'번아웃 키즈'가 등장한 이유

요즘은 '번아웃 키즈'라는 말까지 생겨났다. 감당하기 어려운 과업을 장기간 수행하다가 결국 무력감에 빠지는 아이들이다. 부모가 설계한 로드맵을 따라 달려온 아이는 정작 속도를 내야 할 학령기에 이르러 지쳐버린다.

학업 성취가 인생의 최우선 가치가 된 사회에서 부모는 성적을 먼저 보고 아이는 불안 속에서 성취를 좇는다. 그렇게 쌓은 노력은 뿌리가 약하다. 겉으로는 성실해 보이지만, 그 바닥에는 늘 초조함이 흐른다. 그래서 스스로 서야 할 순간이 왔을 때 남아 있는 힘이 없다.

불안에서 시작된 끝없는 소비

이 모든 악순환의 시작에는 '불안'이 있다. 불안에서 비롯된 소비는 끝이 없다. 더 좋은 학원, 더 좋은 교재, 더 나은 환경을 좇을수록 부모도 아이도 지쳐간다. 만족은 쉽게 찾아오지 않는다.

결국 문제의 본질은 돈의 많고 적음이 아니라, 불안을 기준으로 소비를 결정하는 데 있다. 돈만으로 아이의 성장을 살 수는 없다. 필요한 것은 더 많은 소비가 아니라, 필요를 분별하고 지혜롭게 선택하는 힘이다. '돈 걱정 없는 육아'는 더 많이 버는 데서 시작되지 않는다. 지금 가진 돈으로 불안을 낮추고, 마음을 단단히 세우며, 아이를 믿는 태도에서 출발한다.

용돈 10만 원이 준
교훈

"우리는 경험을 통해 배우며, 그 경험은 우리 자신을 변화시킨다"

_존 듀이

매달 내 몫으로 들어오는 10만 원, 그 적은 금액이 결과적으로 '나를 발견하게 해준 값진 돈'이 되었다.

아이 셋 양육에 전념하며 경제적으로 빠듯하게 살다 보니, 우리 부부는 각자 자신을 위한 투자는 아끼는 게 일상화되었다. 자연스럽게 용돈 이야기가 나왔고, 우리는 생활비의 일부를 떼어 각자의 용돈을 마련하기로 했다. 금액은 월 10만 원으로 정하고 별도의 통장과 체크카드도 만들었다.

Ⓦ 우리 집 지출 규칙 5

부모 개인 용돈 = 10만 원

용돈이 가르쳐준 기준

이 돈은 부모님께 받은 용돈과 전혀 달랐다. 누가 정해준 돈이 아니라 내가 스스로 판단해서 정한 액수였다. 돈의 쓰임과 가치에 대한 판단도 온전히 나의 몫이었다.

5년간 용돈 생활자로 살면서 분명해진 원칙이 있다. 용돈에는 고정 지출이나 생활비 성격의 돈이 섞여서는 안 된다는 것이다. 주변을 보면 핸드폰 요금이나 교통비 등을 포함해 용돈을 월 30만~50만 원 정도로 책정하는 경우가 많은데, 그렇게 되면 고정 지출이 빠지고 남는 돈은 얼마 되지 않는다. 월급처럼 '받자마자 사라지는 돈'이 되는 셈이다. 나는 용돈이 생활비의 연장이 아니라, 오롯이 나를 위한 여백이 되어야 한다는 결론에 이르렀다.

또 하나는 부부가 같은 금액의 용돈을 받는 것이었다. 맞벌이든 육아 휴직이든 상관없이, 가정이 굴러가기 위해 각자가 기여하는 가치는 동일하기 때문이다. 직업 특성상 추가 지출이 필요하다면, 그것은 용돈이 아닌 별도의 항목으로 관리하는 것이 맞다.

10만 원이 알려준 나의 모습

용돈 덕분에 나는 나 자신을 제대로 이해하게 되었다. 첫 '나를 위한 지출'은 퍼스널 컬러 테스트였다. 비용은 6만 5천 원. 생활비로는 쉽게 결정하지 못했을 선택이었지만, 용돈 안에서는 가능했다. 한 번

쯤 받아보고 싶다는 마음이 늘 있었지만, 절약이 생활이던 시기라 행동으로 옮기기가 쉽지 않았다.

나만의 용돈이 생기고 나자, 이 돈을 어디에 써야 가장 만족할 수 있을지를 진지하게 고민한 끝에 테스트를 받기로 했다. 평소 화장을 잘하지도, 어울리는 옷도 잘 몰랐던 나였다.

그 선택 이후 나는 쇼핑에 자신감이 생겼고, 물건을 고르는 기준도 달라졌다. 내 피부 톤에 맞지 않는 파스텔 계열의 옷은 더 이상 사지 않았고, 귀걸이나 선글라스 같은 액세서리를 고를 때도 고민하는 시간이 줄었다.

무엇보다 용돈을 어떻게 쓸지에 대한 고민은 내 일상에 작은 재미를 안겨주었다. 아이들을 등원시킨 뒤 집으로 돌아오는 길에 친구를 만나 함께 밥을 먹으며 이야기를 나누는 게 좋을지 아니면 혼자 카페에서 커피 한 잔을 마시며 책을 읽을지를 놓고 고민하는 시간도 행복했다. 핵심은 용돈을 어떻게 쓸지 고민하는 과정에서 나는 무엇

을 좋아하고, 어디에서 행복을 느끼는지를 새삼 발견하게 되었다는
사실이다.

자존감을 키운 10만 원

처음에는 적게 느껴졌던 10만 원이 시간이 흐르자 '충분한 금액'으
로 느껴졌다. 무엇보다 스스로 계획하고 선택하고, 나를 위해 쓴다
는 사실이 내 자존감을 지켜주고 있었다.

　통계청에서 실시한 「가계금융복지조사(2024)」에 따르면 전국 가
구의 월평균 소비지출은 약 290만 원이며, 이 중 자기 계발·오락·
취미 등 개인 자율 소비 항목은 약 4~6%, 즉 12만~17만 원 수준이
다. 그 기준에서 보면 월 10만 원의 용돈은 결코 적은 금액이 아니
다. 나는 평균 범위 안에서, 나만의 선택을 존중받는 경험을 하고
있었다. 경제적 여유가 아닌 경제적 자율성이 내 자존감을 높여주
었던 셈이다.

멀리 보는 육아:
정서 자립에서 경제 자립으로

"군자가 보통 사람과 다른 점은 마음을 지키는 데 있다"

_맹자

용돈을 통해 내 마음이 단단해지자, 일상에도 변화가 찾아왔다. 하루하루를 불안에 끌려다니지 않게 되었다. 특히 아이들 교육에 관한 생각이 달라졌다. 더 이상 조급해하지 않고, 우리 가정의 현 상태를 객관적으로 바라보며 '지금 내 아이에게 정말 필요한 것이 무엇인지'를 차분히 생각하게 되었다. 그 답을 찾기 위해 아이들과 자주 대화를 나누고, 함께 결정을 내리면서 이전보다 훨씬 지혜로운 선택을 할 수 있었다.

주변에서 들려오는 온갖 '카더라'에 흔들리기보다, 우리 가족만의 소비 기준을 세우고 그 안에서 합당한 대안을 고민하며 필요한 지출만 하는 방향으로 나아갈 수 있었다. 생활비 역시 남을 따라 쓰기보다, 의식주를 단정하게 챙기며 삶에 꼭 필요한 것에만 돈을 쓰는 일관된 소비 습관이 차차 자리를 잡았다.

자존감이 채워지자 일어난 변화

용돈을 통해 단단해진 내면은 아이를 바라보는 시선도 바꾸어 놓았다. 말과 행동이 한결 긍정적으로 달라졌고, 외부의 기준에 쉽게 휘둘리지 않는, 기준이 분명한 엄마가 되어 있었다. 다른 집 아이와의 비교를 멈추자, 내 아이가 있는 그대로 얼마나 소중한 존재인지 더 깊이 깨닫게 되었고, 그 깨달음은 가정 전체에 평온을 가져다주었다.

받아쓰기를 하고 돌아온 아이에게 많은 부모가 이렇게 묻는다

"다 맞은 애도 있어?"

"몇 명 정도 100점을 받았어?"

이 질문들 속에는 내 아이가 다른 아이들과 비교해 어디쯤 있는지를 확인하고 싶은 마음이 숨어 있다. 나 역시 예전에는 비슷한 질문을 했지만, 지금은 더 이상 그렇게 묻지 않는다. 그 질문 자체가 결국 내 아이를 타인과 비교하는 일이기 때문이다.

가정 안에서 세 아이를 서로 비교하는 일도 멈추게 되었다. 대신 각 아이가 가진 고유한 성향과 속도를 인정하려 애썼고, 말과 행동을 더 조심하게 되었다. 저마다의 장점은 단단히 세워주고, 부족한 부분은 채찍질이 아닌 격려와 연습으로 보완해 나가도록 돕는 시간이 조금씩 늘어났다.

이런 시간이 쌓이면서, 앞으로도 이 긍정적 상호작용을 잘 이어간다면 아이들의 정서적 독립 역시 자연스럽게 이루어질 수 있겠다는 자신감이 생겼다. 요즘은 이미 성인이 되었음에도 경제적·정서적으로 부모에게 과도하게 의존하는 경우를 흔히 보게 된다. 반대로 부모가 자녀의 삶에 지나치게 개입하는 모습도 적지 않다.

나는 세 아이가 성인이 되었을 때, 엄마인 나와 적당한 거리를 유지하며 각자의 자리에서 온전한 어른으로 살아가기를 바란다. 성인(成人)이란 단지 나이를 먹은 사람이 아니라, 자기 삶에 책임을 질 수 있는 사람이라고 믿는다. 세 아이뿐 아니라, 이 시대를 살아가는 많은 아이가 훗날 대소사를 스스로 결정할 수 있는 주체성을 갖춘 어른으로 성장하길 바란다.

정서적으로 독립한 아이는 쉽게 감정에 휘둘리지 않는다. 감정을 스스로 조절하고, 한 발짝 물러서 상황을 바라보는 힘은 삶의 여러 영역에서 절제력과 판단력으로 이어진다. 돈을 다루는 일도 마찬가지다. 감정이 흔들리지 않을수록 소비 역시 흔들리지 않고, 남과 비교하지 않을수록 자기만의 경제 기준을 세울 수 있다. 정서적 독립은 경제적 자립의 가장 단단한 토대가 된다. 마음의 독립이 먼저 이루어질 때, 비로소 돈에서도 자유로워질 수 있다.

정서적 독립, 더 나아가 경제적 자립을 이루기까지

대부분의 부모는 아이가 정서적으로 독립하고, 자기 삶을 책임질 줄 아는 어른으로 자라기를 바란다. 나의 바람은 거기에서 한 걸음 더 나아가 아이가 온전한 경제적 자립을 이루는 것이다.

요즘은 취업난과 경기 침체 속에서 부모에게 경제적으로 의존하는, 이른바 '캥거루족'이 늘어나고 있다. 사회에 첫발을 내딛는 시기를 훌쩍 넘긴 뒤에도 부모와 함께 사는 경우는 더 이상 낯설지 않다. 한 보고서에 따르면 수도권에 거주하는 1980년대 초반 출생자 10명 중 4명은 35세가 되어서도 여전히 부모와 함께 살고 있다. 고용 한파 속에서 청년들은 경제적 독립을 이루기 어려워지고, 부모 세대는 노후 준비는커녕 자녀 부양 부담까지 떠안으며 이중의 어려움을 겪고 있다.

이 현실은 단지 경제의 문제가 아니다. 어릴 때부터 자율성과 책임감을 충분히 길러주지 못한 교육의 결과이기도 하다. 결국 돈을 다루는 힘은 삶을 다루는 힘과 맞닿아 있다. 나는 우리 세 아이가 정서적으로뿐 아니라 경제적으로도 자립해, 각자의 삶을 단단히 일구어 나가기를 간절히 바란다.

존중받는 부모가 많아지는 세상을 꿈꾸며

학교 현장에서 아이들과 지내다 보면, 부모와 자녀 관계가 어긋난 모습을 자주 마주하게 된다. 부모는 자녀를 믿지 못하고, 자녀는 부모를 존중하지 않는다. 서로를 이해하려 하기보다 통제하거나 단절하려는 태도가 앞서면서, 가정의 유대가 점점 옅어져 간다.

나는 세 아이와의 시간이 이런 결말로 남지 않기를 진심으로 바란다. 아이와의 관계가 건강하고 단단하게 이어지기를 바란다. 그러기 위해서는 아이가 자신의 삶을 주체적으로 살아가야 한다는 사실을 점점 더 분명히 깨닫는다. 꿈을 향해 나아가기 위해 현실에서 무엇을 해야 하는지 스스로 선택하고, 그 선택에 책임질 수 있는 힘, 그것이 진짜 자립의 출발점이다.

그리고 그 자립의 바탕에는 언제나 '돈'이 있다. 돈은 단순한 생활 수단을 넘어, 삶을 지탱해 주는 중요한 도구다. 나는 아이가 어릴 때부터 돈을 두려워하거나 욕망의 대상으로만 여기지 않기를 바란다. 일상에서 돈을 어떻게 쓰면 좋을지 고민하고, 현명하게 사용하는 경험을 차곡차곡 쌓아가길 바란다. 돈을 다루는 법을 배운다는 것은 곧 삶을 다루는 법을 배우는 일이다.

돈 걱정 없는 육아란

'돈 걱정 없는 육아'는 돈이 많아서 가능한 육아가 아니다. '기준이 있어서 가능한 육아'다. 집중과 선택을 통해 가정 경제의 균형을 이루고, 엄마표 경제 교육으로 돈을 다스리는 지혜를 물려주며, 자녀의 주체적인 삶을 지향한다.

언젠가 아이들이 어른이 되어 내게 이렇게 말해 준다면, 그것으로 감사하다.

"엄마, 잘 키워주셔서 감사합니다."

그날을 떠올리며 나는 오늘도 아이들의 삶을 지지하고 응원하는 마음으로 하루를 살아간다. 아이의 자립이 곧 부모의 행복이라는 사실을 믿으면서.

아이의 자립,
존중받는 부모

"세 아이가 몇 살이에요? 저는 우리 아이들이 어떤 대학에 갈지 벌써 걱정이 돼요. 학비 때문에요."

얼마 전 지인과 나눈 대화에서 놀랍게도 이 말을 한 사람이 바로 이 책을 쓴 '저'였습니다. '돈 걱정 없는 육아'를 이야기해 온 제가 이런 말을 한다니요. 독자분들께서는 혹시 고개를 갸웃하실지도 모르겠습니다.

사실 저도 지인에게 이런 질문을 할 정도로 돈 걱정을 하는 순간이 있습니다. 넉넉하지 못한 주머니 사정에 아쉬움이 남기도 하고 아이들에게 괜스레 미안한 마음이 드는 순간도 있습니다.

'남편과 나의 월급으로 세 아이를 원만하게 잘 키울 수 있을까? 지금은 사교육비를 아끼고 노후 자금도 조금씩 만들어 가며 살고 있지만, 세 아이가 대학에 가는 순간이 오면 학비만으로도 생활이 빠듯해지지는 않을까? 서울로 간다고 하면 또 어떡하지…….' 이렇게 혼자서 걱정과 상상의 나래를 끝없이 펼치는 순간도 분명히 있습니다.

그런데도 이런 제 현실을 솔직하게 말할 수 있는 이유는, 자녀를 키우는 부모라면 돈 걱정으로부터 완전히 자유로울 수 없다는 사실을 저 역시 잘 알기 때문입니다. 더 많은 걸 해주고 싶고, 더 많은 걸 물려주고 싶은 마음, 자식을 조금이라도 덜 고생시키고 부모인 우리도 넉넉한 노후를 꿈꾸는 마음, 그 어떤 것도 결코 잘못된 마음은 아니라고 생각합니다.

하지만 그럼에도 불구하고 저는 육아의 종착지가 '아이의 독립'이 아니라 '아이의 자립'이어야 한다고 믿습니다. 여기서 말하는 자립이란, 정서적 독립에서 더 나아가 경제적으로도 진정한 홀로서기를 이루는 상태입니다.

요즘은 세상살이가 워낙 팍팍하다 보니 부모에게 정서적으로, 또 경제적으로 의존하는 경우가 참 많습니다. 취업하기까지의 과정도 험난하고, 결혼이라는 또 하나의 인생 과제에는 더 막대한 비용이 필요해지면서 부모의 도움을 마다하기가 쉽지 않은 현실입니다. 저 역시 그 과정을 모두 겪어 왔기에 이 현실을 모르는 사람은 아닙니다. 하물며 지금도 때로는 양가 부모님께 의지하고 싶을 때가 있으니 말 다 했지요.

그럼에도 성인이 된 저는, 이제 세 아이를 키우는 엄마로서 여전히 부모님으로부터 정서적으로도, 경제적으로도 자립한 삶을 살고자 부단히 애씁니다. 결국 인생은 '내'가 주인이 되어, 스스로 책임지는 삶이어야 하기 때문입니다.

100세 시대에 아직 인생의 절반도 살지 않은 저이지만, 감히 한 가지는 분명하게 말씀드릴 수 있습니다. 아이가 홀로 설 수 있도록 돕는 일은, 부모가 해줄 수 있는 가장 큰 선물이자 마지막 선물이라는 사실입니다. 미성숙한 아이가 사회의 어른으로 성장하기까지는 부모의 조력과 기다림, 그리고 믿음이 절실합니다. 제가 이 책『돈 걱정 없는 육아』를 기획하고 쓰게 된 이유 또한 바로 여기에 있습니다. 돈보다 더 중요하고, 더 오래 남는 가치가 있다는 마음을 꼭 전하고 싶었어요.

여전히 노후 준비는 미룬 채, 아이의 성장을 위해 물심양면으로 모든 에너지를 쏟아붓는 부모가 적지 않습니다. 성인이 되어도 여전히 부모에게 기대어 살거나, 결혼을 하고도 경제적 자립을 이루지 못해 부모에게 도움을 요청하는 모습도 자주 목격합니다. 이 분들처럼 아이를 위해 온 힘을 다해 살아왔음에도, 밑 빠진 독에 물을 붓듯 정서적·물질적 지원을 계속 이어가야 하는, 삶이 버거운 부모님들이 분명히 계십니다.

저는 이런 모습을 보며 내 아이만큼은 적어도 자기 삶을 책임질 줄 아는 성숙한 어른으로 키우고 싶었습니다.

아이를 돈으로만 기를 수는 없습니다. 무엇이든 돈으로 다 해준다면 그 과정에서 진정한 자립을 기대하기 어렵습니다. 부모와 나눈 다정한 대화, 생활 속에서 이루어지는 경제 교육, 가족과 함께 보낸 소중한 추억 속에서 아이는 단단하게 성장합니다.

돈, 돈 하는 육아가 아니라 아이의 건강한 성장을 위해 노력하면서, 부모도 자신의 삶을 포기하지 않는 것, 그것이 제가 생각하는 가장 이상적인 부모의 모습입니다.

언젠가 아이들이 모두 커서, 부모님을 존경한다는 표현을 서슴없이 하는 애틋한 모습을 상상해 봅니다. 여전히 부족하지만, 오늘도 더 나은 육아를 위해 부단히 애쓰는 부모님들께 이 책이 조금이나마 도움이 되었으면 좋겠습니다.

여러분의 육아를 진심으로 응원합니다. 그리고 앞으로도 제가 할 수 있는 한, 끝까지 함께 고민하고 돕겠습니다. 감사합니다.

돈 걱정 없는 육아

불안을 없애고 행복한 미래를 설계하는 가정 경제 황금률

ⓒ 박여울, 2026

초판 1쇄 인쇄 2026년 2월 5일
초판 1쇄 발행 2026년 2월 15일

지은이 | 박여울
발행인 | 노영현
책임 편집 | 장인형
디자인 | design AVEC

펴낸 곳 | 도서출판 다독다독
출판등록 제25100-2022-000025호
주소 경기도 고양시 덕양구 청초로 66 덕은리버워크 지식산업센터 A-2003
전화 01027065243 팩스 0503-8379-5812
이메일 dadokbooks@naver.com

ISBN 979-11-993351-0-3 (03590)